DIAMOND NEO BOOKS

誠心誠意、生きる

人の優しさ、温かさを心の支えに

牧 実

ダイヤモンド社

まえがき

平成30年6月をもって、私はシマダヤ株式会社での44年間にわたる会社生活を無事終了することができました。会社生活は44年ですが、シマダヤ創業者の家に生まれた私にとって、シマダヤとの関わりは生まれてからずっと66年の付き合いといっていいでしょう。その66年間を振り返り、一代記としてまとめたのが本書です。

はじめに、株式会社メルコホールディングスの代表取締役社長、牧寛之氏より本書の執筆のお話をいただいた時、私よりもずっと大きな功績を残した方がおり、私のようなものが出て本当にいいのだろうかと思い悩みました。

しかし、先人達がどのように道を切り開き、シマダヤをいまのような事業に発展させてきたのか。シマダヤばかりでなく、メルコグループで働く人たちすべての人たちに創業の精神――DNAを形にして遺したい。そのための書籍だと聞き、少しでもお役に立てるのではと考え直しました。

本書をスタートに「一代記」シリーズが続くとも聞き、最初に大スターが登場してはあとに続く方がやりにくいだろう――むしろ私のように、製造の現場で地味に働き続けてきたような人間が登場すれば、次の人は話しやすいはず――。そんな言い訳も考えながら腹を括って筆を執った次第です。

私の人生を振り返ってみれば、数えきれない人たちのお世話になり続けた人生でした。8人兄弟の末っ子として生まれた私は、子どもの時から親や兄弟にかわいがられ、また、いつも周りにシマダヤで働く人たちがいて、常に温かい眼差しで見守ってくれていました。

社会人になり、シマダヤで働き始めてからも、先輩方や上司の方々より、時に厳しく、時に優しく指導を受け、深く影響を受けたことは一度や二度ではありません。その時に受けた薫陶は、私にとって生涯の財産になっています。

そのくせ若い時は本当に生意気で、何か気に入らないことがあれば、すぐに頭に血が上るような短気な人間でした。それでいて小心で能天気なところもあるため、事あるごとに多くの人たちに助けられてきました。

それでも何事にも全力でぶつかってきたのは事実です。そして、成果を上げたこともあれば、失敗に終わったこともありました。

苦労を重ねた末に仕事を成し遂げた時の喜びは、ことさら大きく、この満足感とやりがいを、本書を通じて少しでも多くの人に知ってもらえればと思います。逆にうまくいかなかった時の悔しさを思い出すと、いまでも涙が出る思いです。二度と立ち上がれないのではと思ったこともありますが、こうして時間が経ち、当時を冷静に振り返ってみると、多くの教訓を含んでいることに気づかされます。成功も失敗も率直に書き記しました。どうぞそこから何かを読み取っていただければと思います。

私を見守り、応援してくださった方々に、この場を借りて心からの感謝を申し上げます。どうもありがとうございました。また、私の責任で思わしくない結果を招いた事柄も多々ありました。関わった方々に、お掛けしたご迷惑に対し、心からのお詫びを申し上げます。

本書は出来るだけ正確に記したつもりですが、私の記憶に基づいているため、曖昧だったり、事実と多少異なる事柄もあるかもしれません。確認はできるだけ行いましたが、それでも異なる場合は、すべて私ひとりの責任に帰すところです。

最後になりましたが、これからもメルコグループの更なる発展と飛躍を心から願っております。

牧　実

誠心誠意、生きる

目次

第1章
末っ子としてかわいがられた子ども時代 13
8人兄弟の末っ子として生まれて
勉強も運動も学校も大嫌いだった子ども時代
恥ずかしい思いばかりだったマラソン大会
プラモデルとシャーロック・ホームズに夢中に
恩師との出会いで徐々に変化が現れた中学時代
高校ではクラブのキャプテンを務めるまでに
懸命に働く父や母の後ろ姿が責任感を育む契機に
イヤなものはイヤだった大学時代
第2章
ブラジルへかけた夢と挫折 51
島田屋本店で一営業職として出発
お得意さんに怒鳴られながらも営業に励む日々

昔の生めん（チルド麺）業界は３K、集団脱走もあった
そしていよいよ夢の地、ブラジルへ
飛行機で24時間、自動車で8時間のポンタグロッサへ
南へ１０００キロ、敬意を払ってくれたイタリア系移民の農家
１台の車に８人で乗り込んで向かったダンスパーティ
ブラジル国内での販売のため、倉庫横に本格的な製粉工場を建設
パンの生地に使える乾燥卵入りのそば粉を販売
予想だにしなかった展開での結婚、そしてブラジルでの新婚生活
続くマイナス要因、ついにブラジル事業は撤退に

第3章

古川で知った製造の原点

103

古川工場で「バカヤロー！」の洗礼
包装機の入れ替えに七転八倒
真面目で忍耐強かった工場で働く人たち

行事を担当してわかった地域とのつながりの大切さ
多くの逸材を輩出した古川工場
最新鋭につくり直した東京工場
「生産能力3倍」を封じられたことでのしかかる重い負担
「赤字垂れ流し」の烙印に憤りながらも、人の優しさが心の支えに

第4章

会社に大きな財産を残した味の素株式会社との提携

会社の仕組みも社風も大きく変えた味の素との提携
麺に生きる原点を思い出させてくれた「本業専心」の方針
慣れない営業に苦悩するも工場見学を採り入れて打開
麺づくりのプライドをかけて挑んだ「流水麺」の開発
営業では怒鳴られ罵倒され、ついに「進むか辞めるか」の崖っぷちに
必死の思いで中部シマダヤの黒字化を達成

第5章 続いてゆくそばづくりの夢 159
3度目の東京工場で取り組んだ大掛かりな設備投資と社員教育
隅々にまで意志を行き渡らせたISO認証
「デイ0《ゼロ》」のプレッシャーを跳ね返したロボットの導入
近隣住民との良好な関係を築くきっかけとなった工場見学
安全と高品質を求めて12工場の子会社化を推進
プレミアムそば誕生のきっかけとなるそば生産者との出会い
北海道幌加内の広大なそば畑で思い出す、ブラジルで追いかけた夢
あとがき 192

第1章

末っ子としてかわいがられた子ども時代

8人兄弟の末っ子として生まれて

1952年3月19日、私は名古屋にあった島田屋の工場で生まれました。工場で生まれたといっても、母が工場見学中に産気づいたというわけではありません。当時、父と母、3人の兄、そして3人の姉は、この工場の片隅で暮らしていたのです。

私のすぐ上の兄、誠は私が生まれる前に、父の実家の跡取りとして、すでに養子に出ていました。

ふすまを開ければ、すぐにうどんの製造ラインが見える家でした。そんなところに8番目の私が生まれたので、兄や姉には「お前の産湯には、工場のうどんを茹でるお湯を使った」とよくからかわれたものです。わずか6畳2間の家に、9人が暮らすことになりました。

父の牧清雄が、米穀店の島田屋を創業したのは1931年のことです。戦後は小麦粉の製粉とそれを用いた製麺業に着手し、1949年になると父は店を会社組織に変えて（株式会社島田屋）、うどんの茹で麺を工場で大量生産し始めました。通勤する時間も惜しいと、一家でここに住みついたのです。

工場でつくる茹で麺の売上は急速に伸びました。私の生まれる1年前には東京都渋谷区に東京工場を新設して、さらなる量産と関東以北への進出を計画しました。そして、私が1歳の時には、一家で東京に移ることにしたのです。前年にすでに稼働していた東京工場は、父の末弟、つまり私の叔父の服部敏夫が家族と共にひと足先に赴いて工場長を務めていました。服部は私にとって生涯の師匠であり、恩人となる人ですが、それについてはおいおい触れていくことにします。

次兄の清和（右）と三兄の昭雄（左）にはかわいがられ、よく一緒に遊んでいた

引っ越し当時の記憶は私にはありません。母や兄姉の話によれば、父は乗用車とトラックが一緒になったピックアップトラックを手に入れ、家財道具を積み、それを自分で運転して一家で東京に向かったそうです。

長兄の順を先行させ、残った兄姉たちは、後部座席に4人、座らされ、母は助手席で膝には5歳違いの姉を乗せ、そして私は父の膝の上に乗せられました。私は、父が握るハンドルのハブをしっかりとつかんで車に揺られていたといいます。

名古屋から東京へ引っ越す際、家族8人で乗り込んだピックアップトラック。1歳だった私は、運転する父親の膝の上に乗って渋谷へ向かった

子どもを膝に乗せて運転するなど、いまから考えれば危険この上ない行為です。当時はシートベルトを締める習慣もなく、父は、舗装もままならないデコボコの東海道を突っ走りました。東名高速道路はまだ開通していませんでした。ちょっとした事故が大事になってもおかしくはありませんでしたが、父はそういうことを平気でする人でした。

東海道を一昼夜かけて走り、箱根の山も何とか越えることができ、幸運にも事故は起こらず、一家は無事、東京に着くことができました。初めは、工場の新設が予定されていた目黒区に住みましたが、その後すでに稼働している渋谷区の工場へ移りました。名古屋と同様に、父はここに住み込んで、うどんの製造と販売の両方に目を光らせるつもりだったようです。工場に隣接して建てられた2階建ての家が我が家になりました。

家は2階建てになり、1フロアの面積もかなり広くなったのですが、だからといって住み心地が大きく変わったわけではありませんでした。2階は工場の社員のための宿舎になっており、家族が使えるのは1階のみ、しかも1階には社員のため20人ほどが一度に食事ができる板の間の食堂も備えられていました。家族が使えるスペースはごく限られていました。

それでも私にとっては楽しい毎日でした。食事の用意ができると、まかないのおばさんが大声でみんなを呼びます。すると2階からドカドカとお兄さんたちが降りてきます。我が家の子どもたちも、一緒に食事をするため集まってきます。お兄さんたちが頭をなでてくれたり、遊び相手になってくれたり、それは賑やかな時間でした。

東京都渋谷区の東京工場前で。私を抱きあげているのは食事を作ってくれていたまかないの女性。周りにいる男性は住み込みで働いていた社員のみなさん

昼間は工場が遊び場でした。うどんを茹でるために大量のお湯を沸かすのですが、そのために燃料としておがくずが使われていました。山のように積み上げられたおがくずの中に潜って遊ぶのが、私の楽しみでした。

私が幼稚園に通う頃には、一家は再び目黒区に引っ越

母方の祖父（左）が東京見物へやってきたときに大正天皇多摩陵の前で撮った記念写真。右が母のぎん、背の高いのが次兄の清和、2番目が三兄の昭雄、三姉の美津子、私

仕事が忙しいにもかかわらず、父は家族との時間をよくつくってくれた。左から三姉の美津子、次兄の清和、母のぎんに抱かれているのが私、三兄の昭雄、父の清雄

すことになりました。といっても今度は工場ではなく、れっきとした一軒家の借家でした。私はすでに渋谷区の幼稚園に通い始めていたため、父は毎朝、自動車で目黒区の自宅と渋谷区の幼稚園の間を送り迎えしてくれました。

その時も、私は父の膝の上か助手席に乗せられました。父は、相変わらず危険を顧みるようなことはせず、一度は白バイに停められて「こんな小さな子どもを乗せて、スピード違反をするやつがあるか！」とこっぴどく叱られました。しかし、私にとっては、父にかわいがられていることを子どもなりに理解でき、本当に幸せな時期でした。

勉強も運動も学校も大嫌いだった子ども時代

幼稚園までは、かわいがられ幸せな日々を送っていたものの、小学校に入学すると、途端に学校が嫌いになりました。兄や姉たちは、それもまたお前が末っ子だから甘えているというのですが、それればかりではなかったと思います。

学校が嫌いになった大きな理由の一つが転校でした。私は初め、東京都目黒区の小学校に入学しましたが、小学2年生になると渋谷区に転校し、さらにもう2年経った小学4年生の時には、杉並区の学校に転校しなければなりませんでした。

転校をするたびに、勉強についていけなくなりました。というのは、必ずといっていいほど転校先の学校の授業が進んでおり、習ってもいないことに、いきなり向かわなければならなかったからです。

当時の小学校では、そろばんや習字の授業がありましたが、特にそれらに追いつくことは大変でした。そろばんでは、そもそも玉の弾き方がわからない。習字では筆の使い方がわからない。基本的なことを知らないばかりに、新しい学校ではまったくついていけなかったのです。

〝学校嫌い〟をさらに進めたのが先生の対応です。私はしょっちゅう忘れ物をしました。学校嫌いで、そもそも学校への関心が薄かったためでしょう。それに対して担任の先生は、忘れ物の回数を棒グラフにして、教室の後ろに張り出すという手を打ったのです。私がいつもダントツの1位でした。

ほめられることで1位になればうれしくなり、また頑張ろうという気にもなるのでしょうが、悪いことでクラス全員の前で1位だと示されてもため息しか出てきません。

当時は戦争が終わって、まだその余韻が残っている頃でした。好ましくないことには厳しく処罰する。軍隊での鍛錬の方法が、そのまま教育にも持ち込まれていたのでしょう。敗戦で日本は民主主義に変わったはずですが、いたるところに軍国主義の名残のような習慣が残っていました。

先生にしてみれば、悪く振る舞う子どもに強く反省を求める、という意味での戒めなのでしょうが、私には見せしめにしか思えませんでした。それで子どもが変わることはありません。

体育の授業でもこんなことがありました。勉強に劣らず、私は運動も苦手で、体育の授業が本当に嫌いでした。体育館で、跳び箱か幅跳びだったか、何かの列に並んでいた時のことです。うまくできそうもないのに、自分の番はどんどん迫って来ます。ついつい「イヤだなあ」と口に出してしまいました。

独り言だったのですが、すぐ後ろにいた先生が気づきました。

「お前、何言ってるんだ！」

そう怒鳴られると、いきなり髪の毛をわし掴みにされて後ろへ引き倒されました。そのまま体育館中を引きずり回され、泣いて謝っても聞き入れられず、ずいぶん長い間引きずられていた記憶があります。いまなら暴力行為として許されないことでしょうが、当時の学校ではこのようなことは体罰として日常茶飯事でした。

そのようなわけで、ただでさえ嫌いだった学校が、すっかりイヤになってしまいました。それでも向上心は残っていたようです。最初の転校をしたあと、母親に習字の塾に行きたいと自分から言い出したことがありました。筆の使い方もわからないまま授業はどんどん進んでしまい、取り残されているような、悔しい思いをしていたからです。学校の近くに習字の塾があることを知り、そこへ行けば何とかなると思ったのです。

しかし、そこでも失望することになりました。子どもたちは、塾の先生からお手本を受け取り、自分の席でひたすらそれをなぞるだけでした。何枚か書き写したものができると、それを先生のところへ持っていきます。先生はそれを受け取ると、何も言わず黙って朱を入れるだけでした。

こんなふざけた教育があるか――。まだ小学2年生でしたが、本気でそう思ったことを覚えています。しーんと静まり返った部屋にも馴染めず、結局、1~2回通っただけですぐにやめてしまいました。

たしかに、学校では体罰がありましたが、それでも先生たちは熱意を持って子どもたちに向き合っていたことは、子どもの自分にもわかりました。学校嫌いの私でも、先生たちが手取り足取り、一所懸命子どもたちに教えようとしていたことは理解していました。それに引き換え、塾の先生の態度は手抜きにしか思えなかったのです。

自分から行きたいと言い出したくせに、すぐにやめるなんて。母からも兄や姉からも、何を甘えているんだとさんざん言われましたが、以後、私はこの塾へ二度と行くことはありませんでした。

恥ずかしい思いばかりだったマラソン大会

学校嫌いに拍車をかけたもう一つの理由が肥満でした。

勉強も嫌い、運動もダメな私は、小学4年生の頃からどんどん太り始め、気がつけば学年で1、2位を争うほどパンパンの身体になっていました。

苦手だった運動が、ますますイヤになったことはいうまでもありません。学校ではどうしても体育の授業は避けることはできませんし、運動会もあります。どちらも本当にイヤでしたが、それでも何とかやり過ごしていました。しかし、小学6年生の時、どうしても避けられないものがありました。校内マラソンです。小学6年生の子どもは例外なく参加しなければなりませ

千駄ヶ谷小学校で４年生の時に友人らと撮った写真。後列右が私。この頃はまだスリムだった

んでした。

練習でもすれば、少しは何とかなったのかもしれませんが、当時の私には努力しようという考えはまったくなく、ひたすらその日のことを考えずに過ごしていました。しかし、だからといって校内マラソンがなくなるはずもありません。何もできないうちに、マラソン当日が来てしまいました。

初めからやる気はありません。ですから、スタート直後から、どんどんほかの子どもたちに追い越されていきます。先頭集団からはとっくに取り残され、そこから遅れた子どもたちにも引き離され、その距離はどんどん開いていきました。気がつけば、すぐ後ろを学校の先生が自転車に乗って走っていました。走り始めて数分もしないうちに、私は最後尾になっていたのです。

先生方にとっては、子どもたちをひとり残らず完走させたかったのでしょう。それが教育です。途中であきらめるようなことがあってはいけません。このような私でも、最後まで走れるように、自転車で見守っていたのです。いや、見張っていたといったほうがよいのかもしれません。

マラソンといっても小学生のためのコースですから、それほど長距離ではなかったはずです。しかし、当時の私にとっては永遠とも思える距離に思えました。それでも走ることをやめなかったのは、先生たちがただただ怖かったからです。

「やる気があるのか！　もっとしっかり走れ！」などと怒鳴られないように、歩くでもなく走るでもなく、ギリギリのスピードでとぼとぼと進みました。

自転車に乗った先生は、私が恐れていたように怒鳴ることはなく、最後は、自転車に乗りながら私の手を取って一緒に走ってくれました。先生にとっては、子どもを完走させるために手助けしているつもりだったのだと思います。しかし、私は恥ずかしくて仕方がありませんでした。

学校周辺を走ったあとは、校庭に戻ってグラウンドを1周してゴールします。ハアハアと息を切らせながら走り続け、校門が見えた時はほっとしました。が、何か悪い予感にとらわれました。そして校門をくぐると、それが当たったことがわかりました。

すでにゴールし終えた全児童が、最後のランナーである私を待ち構えていたのです。私が自転車の先生に手を取られながら校門に現れグランドを回る間、子どもたちはその両脇にしっかりと並んで、ずっと拍手を贈ってくれたのです。これほど恥ずかしい思いをしたことはありませんでした。私はすでに真っ赤になっていた顔を、さらに赤くして走り続けました。

しかし、無事にゴールしたあとも、さらに顔から火が出る思いをしなければなりませんでした。やっとの思いで私が走り終わり、全児童はグランドに整列させられました。そこに校長先生が現れ、演台の上から話し始めたのです。

「今日はみなさんよく頑張りました。特に、最後は太った男の子が最後までよく走りました……」

先生方にとっては、ひとりの落伍者も出さずに全員を完走させたことが、大きな成果だったのでしょう。特に私は不安の種だったのです。私が完走したことで、自分たちの役割を果たせたと安堵したに違いありません。ひょっとしたら、私が全児童の拍手によって励まされ、完走したことで自信を持ったと思ったのかもしれません。

しかし、それはまったくの誤解です。恥の上塗りのダメ押しでしかありませんでした。私にとっては、人生で最も恥ずかしい最悪の日になりました。

プラモデルとシャーロック・ホームズに夢中に

勉強も運動も嫌い。だから学校も大嫌い。それでは私は毎日いじいじとしていたかというと、そんなことはありませんでした。休みの日になると、まるで人が変わったように生き生きと過ごしていたのです。私なりの楽しみがあったからです。

小学生の時に夢中だったのがプラモデルです。初めてプラモデルのことを知ったのが小学2年生の頃で、以来、休みの日にはずっとプラモデルづくりに明け暮れていました。

毎週日曜日になると、朝から近所の模型屋さんへ向かいました。店の中にはたくさんのプラモデルの箱が並んでおり、その中から欲しいものをじっくりと探します。

お気に入りは、戦闘機や戦艦などの戦争関係のものでした。これはというものを見つけると、箱を開けて図面とパーツをじっくりと眺めます。当時のお店では、そういうことをやっても許されたのです。

図面とパーツを見ながら、実際にどんなものができあがるのか、必死に想像します。平日の学校では、私の脳みそは眠ったままでしたが、この時ばかりはフル回転でした。

お店の人にとっては、厄介な客だったに違いありません。何しろ、あっちの箱を開け、こっちの箱を開けながら、ずっと店の中をうろうろとしていたのですから。

ともかく、こうしてたっぷり1時間かけて好きなプラモデルを探し出して購入すると、急いで家に帰り、あとはその組み立てに没頭しました。そして、食べることも忘れて夕方までかけて完成させました。できあがった戦闘機は、部屋の天井から糸でつるし、軍艦ならば自分の机の上に飾りました。しげしげと眺めては、今日は本当に楽しい日だったと、心の底から満足したものです。

いまでも戦争の時の写真を見ると、これは零戦だ、雷電、紫電だと、日本の戦闘機はもちろん、グラマンやロッキードなど外国の戦闘機の名前も、軍艦や潜水艦の名もすぐに出てきます。すべて自分でプラモデルを組み立て、形も色も隅から隅まで頭に入っていたからです。それほど夢中になって取り組んだ、私の数少ない楽しみでした。

もう一つ好きだったのが本です。学校は嫌いでしたが、休み時間になると、私は本をランドセルから取り出して、夢中で本を読みました。

「日本むかしばなし」を自分で買ったのが、小学2年生の時でした。お菓子やおもちゃを買いたいと言っても、母や兄からたしなめられるだけでしたが、本を買いたいと言うと、母はすぐにお金を出してくれました。

小さな頃に読んだ絵本とは違って、「日本むかしばなし」は字ばかりが並ぶいかにも難しそうな本でしたが、私は読めば読むほど不思議な世界に入り込むことができ、家でも学校の休み時間でもどこででも没頭しました。

以来、いろいろなジャンルの本を手に取りましたが、特に海外のミステリーが面白くなり、なかでもお気に入りになったのが、シャーロック・ホームズのシリーズでした。次々と読み漁り、当時の私の机の上には、シャーロック・ホームズのシリーズすべてが並んでいたはずです。

事件や謎解きに夢中になりましたが、イギリスの生活や習慣も珍しく、自分もイギリスの紳士のように振る舞わなければ、と思ったものです。海外へ行ってみたい、そう強く思うようにもなりました。

恩師との出会いで徐々に変化が現れた中学時代

自分なりに好きなものを見つけられた小学生時代でしたが、学校嫌いは相変わらずで、それは中学生になっても変わりませんでした。それでもこの頃から、少しずつ何かが変わっていきました。

まず、いきなり体験することになったのが中学受験です。兄たちが私立の中学へ通っていたこともあり、私も中学受験をすることにしたのですが、日頃から勉強嫌いがたたって見事に落ちてしまいました。

ひとりで合格発表を見に行き、前もって打ち合わせていた通り、公衆電話から小学校の先生に結果を伝えたのですが、「落ちちゃいました」と泣きながら電話をしたことを覚えています。ろくに勉強もせず、当然といえば当然の結果だったのですが、勉強をしなければこういう結果が待っている。子どもながらに大事なことを学んだような気がしました。

結局、昭島市の公立の中学へ進みましたが、学校とは別に3番目の兄、昭雄の勧めで柔道の道場へ通うことにしました。勉強も運動も嫌いでパンパンに太っている姿を見て、兄なりに考えてくれたのだと思います。しかし、そこでは私にとって本当に屈辱的な日々が待っていました。私よりも小さな子どもたちに投げられるのです。

道場では、いくつか技を個別に練習したあと、実際に組み合って技を掛け合う乱取りがあります。先生をはじめ何人かの強い人たちが前に立ち、そこへ子どもたちが順番に当たっていくのです。私は柔道を始めたばかりで、受け身がやっとできる程度だったのですが、身体が大きかったためか、なぜか先生方と一緒に前に立たされることが多くありました。そこへ次々と小学生の子どもたちが向かって来ます。子どもたちは身体は小さくとも、何年も前から柔道をやっています。俊敏な子どもたちに、私は投げられる一方でした。

小さなものが大きいものを倒す。柔道の極意を表す見本、それも倒される側の見本になったわけです。子どもたちは面白がって私の前に並び、次々とやって来ては私を倒していきました。ものすごい劣等感で落ち込みました。道場へ行くのがイヤでイヤでたまらず、よく風邪をひいたと口実をつくってはサボりました。そのたびに兄から叱られ、また、通い始めるのですが、イヤイヤやっているのですから一向に上達することはありません。結局、中学3年になる前にやめてしまいました。

ただ、成果がなかったわけではありません。パンパンに太っていた身体が、徐々に引き締まってきたのです。家から学校まで2キロほどの距離があり、そこを毎日歩いて通っていたこともよかったのだと思います。

体格が〝人並み〟になって来たことがうれしくて、自分のことを少しだけ肯定できるようになったような気がしました。そうなると、自分に自信を与えてくれる存在にも気がつき始めました。中学で出会った先生に強い影響を受けたのです。

昭島市の公立中学校は荒れていました。先生が黒板で何か書き始めると、その背中に向かって紙つぶてや消しゴムが飛んでいくような教室でした。授業中にもかかわらず、ほかのクラスからガラの悪い生徒が何人かつるんでやって来て、ガラリと教室の引き戸を開けては、誰かを呼び出して連れて行くこともしょっちゅうでした。私自身、そいつらに呼び出され、平手や拳固で殴られたものです。

不思議と悲壮感はありませんでした。アザをつくることはあっても大ケガをするようなことはなく、殴る側も一線を越えないように暗黙のルールを守っていたのだと思います。

といっても、学校が荒れていることに変わりはなく、それに対してたいていの先生は無力でした。背中に何かを投げつけられても黙って授業を続け、授業の真っ最中にガラリと戸を開けて誰かがジャマをしても、別段叱ることもなく無視して授業を続ける先生がほとんどだったのです。

しかし、そんななかでただひとり毅然として立ち向かった先生がいました。私が中学2年と3年の時の担任の、白土衛《まもる》先生です。いまでも名前を覚えています。国語の先生で、当時は50代半ばだったと思います。

白土先生は、教室での生徒の傍若無人な行いは許しませんでした。授業中、誰かがドアを開けて顔を出せば、「出ていけ！」と怒鳴りつけました。ある時、同じクラスのひとりが家から電気バリカンを持ち出して、クラスメイトの頭を刈り始めたことがあります。ふざけてやっていたのですが、次々とクラスメイトの頭を刈るため、虎刈りの犠牲者が増えていきました。

ある時、それに気がついた白土先生は、その生徒から電気バリカンを取り上げると、何と自分の頭を刈り始めました。そしてすっかり坊主になった自分の頭を見せて、「これで気が済んだか！」と、その生徒にバリカンを返しました。以来、この生徒のイタズラはなくなりました。

白土先生は、いじめられる側だった私のような生徒には優しく接してくれました。私は当時、クラスの副委員長を務めていましたが、委員長の女子と、書記の女子と共に3人をよく労ってくれたのです。

私は家に帰ってもその先生の話をよくしたので、ある日、母が「何かお礼をしなさい」と、工場でつくっていた製品を持たせてくれたことがあります。自転車の荷台に積んで、住所を頼りに先生の家を探し出しました。清貧と表現しては失礼かもしれませんが、普段の白土先生の姿勢をそのまま表した、慎ましい一軒家でした。

ある時、校内で何かの行事を終えたあとだったと思います。クラスの委員長と副委員長の私、書記の3人はいつものように白土先生に呼び出され、今日はおつかれさまと、レストランでごちそうしてくれることになりました。

何でも好きなものを注文するようにと、先生は言ってくれたのですが、私は遠慮してメニューの中の一番安いものを選びました。後に母が白土先生に会った時、「お宅はよい教育をされていますね」と言われたそうです。母は、先生に初めてほめられたと喜んでいました。

といっても、母から特に何かをしつけられたような記憶はありません。しかし、母はいつも厳しいほど徹底して倹約をしていました。どこへ行くにも電車を使い、タクシーに乗るなどもってのほかでした。口癖は「病は気から」で、体調が悪くて病院に行っても、薬が高いからともらうことはありませんでした。

普段からそんな母を見ていたことで、私も無駄なお金を使うことはいけないことだと思うようになっていたのでしょう。先生からごちそうしてあげると言われた時も、高いものはとても注文できなかったのです。

白土先生が私と母を認めてくれたことで、私はまた少しだけ自信を持てるようになりました。

高校ではクラブのキャプテンを務めるまでに

中学校で白土先生と出会い、徐々に自信を持てるようになってきましたが、さらに私を大きく変えてくれたのが高校でした。

もっとも、高校へは強い意欲を持って進学したわけではありませんでした。大学受験は大変なので、エスカレーター式で大学に進学できる高校を探し、いくつかの候補の中から選んだのが、中央大学附属高校でした。

三兄の昭雄からは、相変わらずスポーツをすることを強く勧められました。中学で始めた柔道は中途半端に終わり、兄としては心配だったのでしょう。とはいうものの、兄が言うには、野球やサッカーのようなポピュラーなスポーツは、すでに小学校中学校と続けてきた人間がいる。そいつらには決してかなわない。中学の時にはなかった部を選べとも言われました。

いろいろ考えたあげく、私が選んだのがハイキング同好会でした。やはり長年のスポーツへの苦手意識は簡単に拭えません。その点、ハイキングとピクニックを勘違いしていた私はピクニックへ出かけるのであれば気楽ですし、健康にもよさそうと思ってしまったのです。同好会というのもいかにも楽しそうです。

まったくお気楽に決めたのですが、入ってみると中身はまるで違いました。やることは本格的な山登りで、しかも、徹底した年功序列の体育会系のクラブでした。

週に一度のピクニックと思っていたのとはまったく違い、毎日トレーニングがありました。学校から片道1キロほど走って小金井公園へ行き、そこでさらに走り込みなどトレーニングを積み、その後、再び1キロ走って学校へ戻って帰宅します。

夏休みになれば、近くの奥多摩をはじめ八ヶ岳、南アルプスなどに出かけ、何日も山にこもって集団生活をします。「1年虫けら、2年人間、3年神様」という言葉が象徴するように、1年生はテントや食糧など30キロ近くもある重い荷物を持たされ、山でもこき使われました。

しかし、あらゆる面で鍛えられたことも事実です。体力はもちろんつきましたし、集団生活するための人間関係を考えるようにもなりました。また、登山では地図を読んだり、気象を予測したり、向かう土地のことを学ぶ必要もあります。地理や気象、社会学、民俗学など手当たり次第に勉強もしました。

ハイキング同好会は、年に一度、秋には学校の文化祭でキャンプファイヤーを担当するのですが、そこでは人前で歌うようなこともします。そういう意味では度胸をつけるのにも役立ちました。

山登りでは、歌の効用も経験しました。重い荷物を背負ってヘトヘトになり、もうダメだ、一歩も歩けない……というような状況に追い込まれた時、パーティの全員で歌を歌うと不思議と力が湧き出てきて、歩き続けることができたのです。

危険と隣り合わせなのも、山ではよくあることです。よく「引き返す勇気を持て」などと言いますが、実際にそれが試されることもありました。

高校3年になると、なんと私はキャプテンに選ばれました。部員は1年から3年まで総勢40人ほどでしたが、その責任者となったのです。

夏休みに南アルプスへ向かった時のことです。その途中で、雨が降り始めました。すると、足下がおぼつかなくなり滑落の危険が増します。しかも、視界が悪く、道に迷う危険も出てきます。

予測はしていたものの、思ったよりも激しい雨になり、私たちはテントにこもってやり過ごすことにしました。ところが、翌日も、またその翌日も一向にやむ気配はありません。

そのうち、付き添いでついてきた顧問の先生が、母親が急に亡くなったといって下山してしまいました。卒業生であるOBも参加していましたが、彼らは先輩風をふかせて、後輩に自分たちの荷物を持たせて気楽なもので、まったく頼りになりません。

経験が浅く負担ばかりが重い1年生の中には、体力が尽きてしまい、意識がもうろうとし始める者も現れました。「あそこに誰かいる」と言うのですが、指さすほうを見ても誰もいません。幻覚を見ていたのです。

雨が降り続く中、3日間テントで耐えましたが、これはもう限界と下山を決意しました。「引き返す勇気」と言えばカッコよく聞こえますが、そんな生やさしいものではありませんでした。雨はまだやみません。頂上を目指すことをあきらめた時点で挫折感でいっぱいでしたが、さらにずぶ濡れになって下山することで、いっそう惨めな気持ちになりました。

それでも麓の最寄りの駅に着いた時はほっとしました。ひとりのケガ人も、もちろん遭難者も出さず、全員で帰りつくことができたのです。高校3年にわたって遭難者はひとりもいませんでした。自分でもこれほど緊張した経験はありませんでした。キャプテンとしての責任を果たそうと必死だったのです。

高校3年間の経験は、その後の人生で役立ったと断言できます。身体は鍛えられ、チームワークの大切さも知りました。ものすごく凝縮された3年間でした。

男子ばかりの高校で、人に認められるということはどういうことか、ということも知りました。怠けたり成績が悪かったりしてもバカにされることはありませんでした。しかし、先生の前でいいカッコをしたり、口ばかり達者で何もできなかったり、インチキをするような人間は軽蔑されました。たとえ地道であっても、筋を通して真っ当に生きる人間が認められるということを知りました。

懸命に働く父や母の後ろ姿が責任感を育む契機に

小学校、中学校では学校嫌いで劣等感でいっぱいだった私が、高校でなぜキャプテンなどが務まったのでしょうか、なぜこれほど責任感を持てたのでしょうか。考えてみると、やはり父や母、兄や姉の影響が大きかったように思います。

父も母も特別な教育をしてくれたような記憶はありません。特別どころか、ごく普通の教育さえなかったように思います。

父は仕事に夢中でした。創業者としていかに仕事に没頭したかは、いまさらいうまでもないでしょう。

母も父の仕事のためにしょっちゅう家を空けていました。母の得意技の一つに、新しい営業所や工場などの候補地を見つけてくる、というものがありました。父が墨田区に工場をつくりたいと言うと、母は電車で墨田区までわざわざ出かけ、不動産店を探して、父のいう広さのある立地を見つけてくるのです。夜遅くまでふたりで話し込んでいたことを覚えています。

もう一つの母の重要な仕事が、当時、急速に増えていた営業所の所長の奥さんたちの面倒を見ることでした。営業所はうどんの製造と販売の拠点であり、そこには社員たちが住み込みで働いていました。所長の奥さんたちは、食事をはじめ、何かと彼らの面倒を見るのが役割でした。母もかつては名古屋や東京の工場で住み込みの社員たちの面倒を見ていました。その経験をもとに、何をどうすればよいのか、こまめに教えて回っていたのです。

営業所を回りながら、母はこれはという若い人を見つけると、社内で結婚も勧めました。ふたりに営業所を任せるのです。父と母が仲人を務めた社内結婚の夫婦は、100組を超えたはずです。

とにかくこのようなわけで、父も母も子どもの教育に時間を割いている暇はありませんでした。その上兄弟が大勢います。一人ひとりにかまっている時間などなかったはずです。

私がまだ小さい頃、母に「慶応幼稚舎に行けば」と言われたことがあります。私の教育を考えてのことではありませんでした。当時、我が家は東京都渋谷区伊達町の工場の敷地にあったのですが、そこから歩いて10分もしないところに慶応幼稚舎がありました。

当時からお受験で有名な幼稚園で、子どもばかりでなく両親も十分な準備をしなければとても入れるようなところではありません。しかし、母はそんなことはまったく知らず、近所だから簡単に入れてもらえると考えていたようです。何の準備もなく受験した私は、いきなり出された問題に面食らいました。知能指数の測定や運動の能力をみるような試験もありましたが、いずれもわけもわからず、ただただ時間が過ぎていくだけでした。案の定、不合格でした。

こんな両親でしたが、仕事への責任感についてはその姿勢でいつも示してくれていました。私が小学校に入学した年の9月、伊勢湾台風が日本を襲いました。全国的に被害をもたらし、死者、犠牲者合わせて５０００人を超えるほどでしたが、父はそんな最中、いつものように営業所を回りに出かけていきました。

家に残される家族はどうなる？　と母は心配しましたが、営業所のほうがもっと大変な思いをしていると、父は出ていってしまったのです。強風のまっただなかに出ていった父が一番恐ろしい思いをしたはずですが、いつものように何軒かの営業所を回ったあとで、無事に帰ってきました。

父なりに人を大事にしようとしていたことは間違いありません。すべての面で父は真剣でした。家でも夫婦で仕事についていろいろと話をしていることがありましたが、「そんなこと適当にやっていればいい」というような言葉は聞いたことがありません。

たしかに、両親は仕事に忙し過ぎて、私たち兄弟に教育らしい教育をしたとは思えません。しかし、両親が真剣に仕事に打ち込む姿を見て、私も兄や姉も、責任を果たすということはどういうことなのか、知らず知らずのうちにその意味を考えるようになったのだと思います。

イヤなものはイヤだった大学時代

1970年、私は中央大学経済学部に入学しました。当時、大学は学生運動で大荒れでした。大学で講義を受けていても、中庭から聞こえてくる運動家のアジ演説のほうがずっと大きかったほどです。

日本中が学生運動一色でしたが、私はというとまったく興味はありませんでした。子どもの時から「ブルジュアの息子」などと言われてきました。

父と母がいかに苦労して会社を維持してきたか、会社が危うくなる事態も間近で見て来た私としては、学生たちの主張する理屈が薄っぺらく現実離れしたものとしか思えなかったのです。大学はそんな状況ですから、しょっちゅう休講になったり、大学そのものがロックアウトされて入れなくなる有様でした。学問に打ち込むわけでもなく、当時の私の記憶としてはアルバイトのことが一番鮮明に残っています。

大学生になってからは、二つのアルバイトをしました。一つが超一流ホテルのウエイターです。結婚式などがある時に、駆り出されました。

何しろ超一流のホテルですから、制服姿で働くウエイターは訓練された社員がやっているように思っていましたが、アルバイトの存在を知った時、自分のような学生がやっていたのか、とちょっと拍子抜けした気持ちでした。

時給は高かったものの、内容はなかなか厳しいものでした。私自身、かなりひどいウエイターだったと思います。

たとえば、結婚式ではひとりのウエイターがテーブル一つ、約10人分を受け持つのですが、それを運ぶだけでもおおわらわで、とてもスムーズにはいきません。先輩のウエイターに叱られ、出席していたお客さまからはクレームをつけられ、それだけでもさんざんでしたが、厨房のシェフからはそれに輪をかけてしごかれました。

料理を取りに行くたびに、大きな態度であれこれと指示を出されるのですが、少しでも気を抜けば、「何をやってるんだ！」と怒鳴りつけられ、ミスなどしようものなら、ボロクソに言われました。まるで私など人間ではない、といった扱いでした。あまりに腹が立ったので、いまに見てみろ、社会人になったらこのホテルでふんぞり返って飯を食ってやるぞ、と本気で思ったほどです。子どもの頃の屈辱の日々を思い出し、さっさと辞めることにしました。

もう一つのアルバイトが、横浜のこどもの国でのキャンプカウンセラーでした。新聞の広告で見つけ、高校時代に山に登っていた経験から、キャンプは任せておけと応募しました。

こどもの国は、戦時中は日本軍の弾薬製造貯蔵施設があったところです。戦後は米軍に接収され、返還後、当時の皇太子（平成天皇）の成婚を記念してつくられた施設です。牧場があり、プールなどのスポーツ競技場、子ども用の自動車教習所までありました。そしてアウトドアの施設が満載で、キャンプ場も人気を集めていました。

夏休みになれば、子どもたちが親元を離れてグループでキャンプをしに訪れます。その世話をするのがキャンプカウンセラーでした。

夏休みが始まる少し前に、キャンプ場の雑草を刈って宿泊や調理のためのテントを張って準備し、シーズンが始まれば、小学2年生から上は中学3年生までのグループを相手にします。短ければ1泊2日、長ければ1週間、寝床を整えたり、食事の用意をしたり、キャンプファイヤーの準備をしたり、子どもたちにキャンプの基本を教えつつ、日中は一緒に虫採りに出かけたり、プールで遊んだりと、楽しい時間になるよう、自分なりにコーディネートします。

ケガをさせたり熱を出したりするようなことがないように健康を管理することも大事な仕事で、生活が乱れないように指導することもキャンプカウンセラーの役割でした。

親子もいれば、小学生だけのやんちゃ坊主10人のグループがいたり、女の子だけのグループもいたりしました。次々とやってくる子どもたちのグループを、10人ほどいたキャンプカウンセラーで分担して担当します。新しいグループが到着するたびに、キャンプカウンセラー全員で自己紹介をして歓迎の挨拶をし、歌を歌います。ひとシーズンで何度も何度も人前で話すことになり、後に働き始めてから、ここでの経験がずいぶん役立ったと思ったものです。

子どもはうるさいとばかり思っていましたが、なかには私になついてくる子もいて、子どもってかわいいんだと思えるようになったのも、このアルバイトのおかげでした。

ある時は、中学生の女の子の数人のグループがやって来て、私が担当することになりましたが、終わってからファンレターをもらったことがあります。ほかのカウンセラーからずいぶん冷やかされました。多感な女の子たちにとって、こんな私でも大学生のお兄さんはカッコよく見えたのかもしれません。

事故を起こさず、身体を壊すようなこともせず、楽しい思い出をつくって帰ってもらう。ホスピタリティについても学び、実践する場でもありました。自分の能力を発揮でき、子どもたちは喜んでくれます。やりがいがあり、私自身、毎年夏が来るのが楽しみで3年続けたのですが、大学4年の夏を待たずに辞めることにしました。

意見が合わないことがあったからです。

大学3年生の夏、私はそれまで温めていた企画を実行してみました。当時、こどもの国には、テントで泊まるキャンプ場のほか、キャビンの宿泊施設もあり、そこにも子どもたちが集まっていました。

2つの施設は山一つ隔てて分かれていたのですが、思い切って交流をしようと、両施設の子どもたちを全員集めてパーティを開くことにしたのです。

2日間の予定を組み、初日はキャンプ場に子どもたちを集め、食事も自分たちで用意しました。翌日は場所を変えてキャビンで同じようにパーティを開きました。

大勢が一堂に会するのですから、それはそれは賑やかな催しになるでしょう。といっても、事故などを起こしては大変です。あらかじめ考えられる注意点を整理したチラシをガリ版で印刷して子どもたちに配るなど、しっかり準備もしました。

企画は大成功して、子どもたちはたくさんの友達をつくって帰路に着きました。見守っていた私はヘトヘトになりましたが、それでも満足感でいっぱいでした。こどもの国ではそれまでそのような試みをしたことはなく、新しいキャンプの楽しみ方を提案できたと思ったのです。

ところが、ほかの人の見方は違っていたようです。2日間の企画を無事に終えたその夜、キャンプカウンセラーが集まって反省会が開かれたのですが、そこで出たのは私に対する批判ばかりでした。

そんなに大勢の子どもを集めて、一人ひとりを見守ることができるのか――。子どもに食事の用意をさせるなんて、食中毒になったらどうするんだ――。

キャンプカウンセラーをしている大学生の大部分が教育学部の学生でした。教育上、意味があるのか、という議論にもなり、どうやら私の企画は、教育的には無意味という結論になったようです。

少しでも子どもたちに楽しい時間を過ごして欲しい。ただそれだけの気持ちで立てた企画でしたが、どうやらそれは、教育のことを考えない経済学部の学生の発想と受け止められたようです。

反省会には、こどもの国の職員も参加していましたが、大部分の学生が批判的な意見だったため、私のことをかばってくれるような人は現れませんでした。

教育学部の学生たちは学生運動にも熱心で、話はいつの間にかデモの話題になり「機動隊と対峙した時のあの緊張感はすごかったよね」などと、タバコを吹かしながら言い出したものですから、私はうんざりして、それならばもういいと席を立ちました。

以来、そこでのアルバイトに出かけることはやめました。辞表は郵送で送り付けました。

ずっとあとになって家内にこの話をすると、「あなたって3年だからね」と笑われます。気が短く、飽きっぽい、仕事だって何だって3年以上続いたためしはないというのです。

たしかにそうかもしれません。仕事も3年ほどでちょうど異動になり、そのたびにまったく新しいことを経験してきました。短気だというのも当たっています。

しかし、イヤなものはイヤというのが、偽らざる私の本心です。大学時代の友人には、「牧は『あ、いいです』ってすぐやめるものな」と言われたこともあります。気に入らないことがあると、簡単に「じゃあいいです」と言って、スッパリとやめてしまうというのです。あきらめが早い、あっさりし過ぎているとも言われました。もちろん、いい意味ではありません。

しかし、気に入らないものは気に入りません。特に、学生運動に熱心だった大学生は気に入りませんでした。熱心にやっていた人間ほど、就職時になると髪を短く切り、友達から学生服を借りて、何事もなかったかのように面接に出かけていくのです。当時は、学生服で面接に行くのが普通でした。

体制がどうのこうの、反動がどうのこうのと言っていたくせに、土壇場になるとその体制におもねているではないか。そんな思いもあり、私が就職の面接に行く時は、スーツ姿で向かうことにしました。スーツで面接というのは、当時としては珍しいことで、ほかの学生からの「何カッコつけてんだ」というような声が聞こえて来ましたが、まったく気にもとめませんでした。

社会人になってしっかりと働く。身を粉にして仕事に打ち込む。高邁な理論よりも、父や母の背中を見て学んだことのほうが私にとって確かなことに思えたからです。

ある年のお正月の記念写真。後列左から2番目が私。右端が叔父の服部敏夫。前列真ん中が父の清雄。
前列のイタリア人は次兄の清和が仕事の関連で連れてきた

中央大学の卒業式で友人らと。その後、私は島田屋本店（当時）に入社し、8カ月後の12月にはブラジルへ渡った

第2章

ブラジルへかけた夢と挫折

島田屋本店で一営業職として出発

大学の卒業が迫ると、私は流通業への就職を試みました。父が社長で、長兄と私とは19歳も離れています。私も将来きっと社長になれる。いまから考えれば恥ずかしい話ですが、そう信じて自分なりに修業を積むつもりでした。

しかし、いろいろ走り回ったにもかかわらず、内定を取れたのはたったの1社だけで、しかも、本命といえるところではありませんでした。一方、父の会社では、ブラジル事業が本格的に動き出そうとしていました。

これは海外へ行く絶好のチャンスになるかもしれない。実際に父に相談すると、次兄と三兄のいるブラジルの子会社へ行けと言います。それならばと、父の会社で働き始めることにしました。

といっても、入社していきなりブラジルへ行かせてもらえるわけではありません。長期にわたってブラジルに滞在するには、永住権取得のため多くの手続きが必要でした。準備だけで約1年もかかります。遊んでいるわけにもいかないと、ともかく一社員として営業所で働き始めることにしました。決して腰掛けのつもりではありません。ほかの新入社員と同様に社員研修を受け、ゼロから仕事を身につけるつもりで挑みました。

社内では、社長の息子ということは隠しておくつもりでしたが、社長が入社式の挨拶であっさりと「息子がそこにいる」と白状してしまいました。同僚からは「牧くん、名前を聞いて社長の親族だと思っていたけれど、まさか息子さんだったとは」と、ずいぶん驚かれたものです。

配属されたのは、埼玉県の狭山営業所でした。島田屋本店（当時の社名）のつくる茹で麺は関東で受け入れられ、売上は急伸していました。営業所は東京23区全域はもちろん、千葉や埼玉、神奈川まで広がっていましたが、狭山営業所は最も厳しい地域といわれていました。

じつは、埼玉県はうどんの産地で、地場のうどん製造業者も、手打ちのうどん店も数多く存在していたためです。すぐに食べられる茹でうどんを工場で大量生産する。そんな画期的な東京の会社だといっても、地元にとってはただの新参者でしかありません。事実、一営業担当となった私は、厳しい現実にぶつかりました。

私は一営業社員として、いまでいうルートセールスを行うことになりました。工場では夜遅くまでかかって茹で麺を製造します。私はそれを1トントラックに積み込み、担当する20軒ほどのお得意さんを回って配達していくのです。

まだ星が煌めいている間に出発し、早朝から午前中にかけて1軒1軒注文通りに品物を配達していきます。配達が終わるといったん営業所に戻りますが、午後には再び同じルートを回り始めます。各店では朝配ったうどんをすでに売り終わった頃です。入ったばかりの現金がなくならないうちに、代金を回収するのです。

集金で回って再び営業所に戻ると、今度は翌日分の注文を定める仕事が待っていました。営業職の社員全員が、自分の担当するお得意さんに翌日どれほど買ってもらえそうなのか、見込み数を大きな模造紙の自分の欄に書き込んでいきます。全員の書き込みが終われば、狭山営業所全体の翌日の販売見込み量がひと目でわかる、大きな一覧表ができあがります。工場はその数をもとに、その日の午後から翌早朝にかけてうどんをつくり、各営業職に渡す、という仕組みでした。

こうして1日のサイクルが回っていきます。見込みといっても適当に書いておくわけにはいきません。営業職は自分で書き込んだ見込み数は、責任を持って売り切らなければならないのです。

一覧として各人の売上（見込み）が一目瞭然となるため、ほかの営業職の社員たちとの競争意識も働きます。大量に売る営業職は胸を張り、少量の社員は肩身を狭くするわけです。経営する側から見れば、この仕組みは、営業、配達、集金を合理的に行い、かつ、競争原理も働いて売上が上がる、非常に合理的な方法でした。いまでこそルートセールスという言葉がありますが、社長である父は同じような仕組みを、1950年代初頭から採り入れていたのです。

うどんの製造や販売は、まだ企業とも呼べない地域の小さな店が各地で細々とやっていた時代でした。当初、私は仕事をこなすだけで精一杯でしたが、考える余裕が生まれると、工場での大量生産と共に販売の仕組みもきちんとつくっていた社長の発想力の豊かさに驚いたものです。

お得意さんに怒鳴られながらも営業に励む日々

私がこの営業職に就いた1970年代は、茹で麺は一つひとつポリエチレン包装され、それを1トントラックで配達していました。しかし、社長や後に2代目社長となる兄の順から聞いたところによれば、島田屋（当時）が東京へ進出した1950年代後半は、茹でたばかりの麺を一玉（食）ずつ丸めるだけで裸のまま番重（薄い木箱）に24玉並べ、それを何段も積み重ねて自転車で配達していたそうです。

営業力があればたくさんの注文が入り、それを自分で運ぶことになります。荷台に積み重ねた番重の重みで、自転車の前輪が持ち上がってしまわないように気をつけて走るのですが、ある営業職の社員は、東京の銀座4丁目の交差点で自転車ごとひっくり返り、茹でたばかりのうどんをバラまいてしまったそうです。

そんな事件があったことで、社長はうどんを個別に包装する技術開発に力を入れました。また、自転車は、小型3輪車（2つの後輪の間に荷台のある運搬用オートバイ）になり、私が配達する頃は1トンのトラックになっていました。ずいぶん楽になっていたのです。後に配達は、冷蔵設備のついた保冷車に変わりました。

島田屋本店のルートセールスは着々と進化し、常に先端を走ろうとする社長の意志に私はさらに感心するのですが、実際にそう思ったのはずっとあとになってからのことです。会社に入社したばかりの私は、初めて体験する営業職の仕事にてんてこまいでした。

早朝から夕方まで、配達と集金で回るだけでくたくたになります。それに加えて、担当する各店で注文数を少しでも増やさなければなりません。初めは右も左もわからず、ただ指示されたルートを回っていただけでしたが、翌日の見込み数を決めるにはそれだけでは済みません。お得意さんからどうやって翌日以降の注文を取ればよいのか考えなければなりませんでした。つまり、配達中に各店での感触を探ったり、相手が小売店ならばセールを勧めたり、営業活動をするわけです。

しかし、どの店も「明日いくつ欲しい」とはっきり言ってくれるわけではありません。前日の売上から予測して持っていくのですが、当日の天候次第で受け取る品物や数が変わることも珍しくありません。過去にその店を担当した先輩を探し出して店主のクセを聞いたり、翌日の天気予報を念入りに調べたり、自分なりに工夫を凝らしたものの、成績はなかなか伸びませんでした。

店先で店主に怒鳴られたこともあります。いつものように配達で訪問すると、突然、ある特別な商品はないかと求められました。とっさに「今日は切らしてしまいました」と答えたのですが、店主は聞き入れず、「そんなことないだろう。見せてみろ」と、強引に1トントラックの荷台を開けると、その商品を見つけてしまったのです。

じつはそれは、その後配達で回るお店のためにとっておいたものでした。セールを組むからと言われ、前日からしっかりと確保していたのです。そのような事情を説明したものの店主は納得せず、「営業所に取りに行けばいいじゃないか」と簡単に言います。ところが、ルートは緻密に組まれており、少しでも変えればそのあとに回るお店への配達時間が大幅に狂ってしまうのです。

いくら説明したところで店主は聞き入れず、ついには私のことをウソつき呼ばわりする始末でした。商品が荷台にあるのに、自分には隠していたというのです。これにはまいりました。ちょうどその時、馴染みの客らしき主婦が立ち寄ったことで、店主はそちらの相手を始めなければならなくなって私への罵倒は中断したのですが、その後もその店主との信頼関係はなかなか回復させることができませんでした。いったん信頼を失ってしまうと、回復には膨大な時間と手間がかかります。そのことを学んだ出来事でした。

もっと商品を確保しておけばよかったのか――そのため前日の段階で注文の予測の精度を上げなければならないのかどうか――しかし、そのためにどうしたらいいのか――。仕事の進め方についても、多くの課題が残されていることに気がつきました。

店主の私への態度と、お客さんへの姿勢の違いにも愕然とさせられました。自分の店の顧客に愛想よくすることは当然のこととしても、私をあれだけ怒鳴り散らした直後、お客さんが来た途端、コロリと笑顔を見せる変わり身の早さには、ただただ驚くばかりでした。

お客さまである消費者の立場が最も強く、ついでその人にものを売る小売り、問屋、そして最底辺に私たち商品をつくるメーカーが位置づけられるのかと、世の中にある暗黙の序列を意識したものです。理不尽に思えてなりませんでしたが、商売を続ける以上、このような体験は避けられないと気を引き締めました。

昔の生めん（チルド麺）業界は3K、集団脱走もあった

率直にいえば、当時の生めんの業界は、3K（きつい、汚い、危険）な業界といっても過言ではありませんでした。といっても食品をつくる業種として「汚い」環境はあり得ず、また、社員を「危険」にさらすことも考えられません。そのため社長も後に2代目社長となる長兄順も、それらについては意識して改善を進め、業界の中では常に進んだポジションにあったと思います。

しかし、「きつい」については、なかなか解決することはできませんでした。

一つには、業界内で熾烈な競争が続いていたためです。少しでも油断すると、たちまちお客さんを取られ、市場を奪われてしまいます。そんな事情もあって、コストにしても削れるところは限りなく削ることで、何とか低価格で高品質の製品をつくり続けていたのです。

もう一つは、思い込んだらどこまでも突き進み、周囲のことは目に入らなくなる社長の性分が大きく影響していました。社内は強烈なワンマン、トップダウンの風潮が強く、それがいたるところで大きなストレスを生み出していることは間違いありませんでした。

しかし、ある意味、そんな風潮が社会から認められていた面があります。40年前の価値観としては、誰しも身を粉にして働き、無理難題も精神力で解決することが美徳のように思われていました。またそうしてボロボロになっても、報われた時代だったのです。

とはいえ、きつい仕事についていけない社員も出て来てしまいます。それが極端な形で現れたのが「集団脱走」でした。

名古屋から東京へ進出したあとも、島田屋本店は急速に大きくなっていきました。営業所は関東全域に広がり、各営業所で茹で麺の製造に携わるもの、私のようにルートセールスのために街中を回るものなど、人手はいくらあっても足りませんでした。

そのため、社長は北陸や東北へ足を運び、人材を確保しました。高卒、中卒の優秀な人を雇い入れるためです。

まだ子ども同然の新入社員は各営業所へ配属され、宿舎で団体生活が始まります。親元から離れただけで、彼ら彼女らにとっては大きな生活の変化ですが、それに加えて毎日の仕事が加わります。宿舎は雑魚寝状態に近くてプライバシーもありません。

それを楽しめる人間ならば問題ありませんが、すべての人がそうとは限りません。ストレスを発散する場所などもありません。

我慢に我慢を重ね、耐え切れない状態が続いたところで、ひとりの心が折れると俺も私もと気持ちが連鎖するのでしょう。「集団」ばかりでなく、単独の「脱走」も珍しくありませんでした。

私がまだ小学生で昭島の工場に住んでいた頃、時々、父と母が社員寮の共同風呂に赴き、社員の背中を流すこともありました。そこまでして、社員をつなぎとめたかったのです。また、私がまだ幼稚園児の頃、家の2階の宿舎に住み込んでいた社員のひとりに、おもちゃを買ってもらったことがあります。うれしくて母に報告すると、「そんなものもらっちゃダメ」とひどく叱られました。母もまた社員に不満がたまらないように常に気を遣っていたのです。

社長である父は、16㎜カメラと映写機を買い込むと、工場で社員の皆さんが働く姿の様子を撮影して、地方で行う採用のための説明会場に持ち込んで上映したことがあります。そんなことをする時間とお金があったら、現在働いている人の環境を改善するために使うべきだと思いましたが、社長の頭の中は、とにかくいま不足している人材をいかに補うかだけで頭が一杯だったのです。

そもそも「脱走」と表現するところにおかしさがあります。まるで職場が「監獄」同然と認めているようなものでした。しかし、当時、社長はそんなことにも気づかないほど採用ばかりに目が奪われていました。これらは、私が一営業職として働いたから見えたことでもありました。下の立場だから気づくことはたくさんあるのです。

そしていよいよ夢の地、ブラジルへ

狭山営業所で８カ月を過ごしたあと、私はいよいよブラジルに渡りました。

ブラジルでの事業は、社長にとっての長年の夢でした。生涯の夢といってもよいでしょう。

創業間もない１９３０年代、まだ20代だった社長は国の政策として推奨されたブラジルへの渡航を夢見たのです。しかし、親族の猛反対に遭い、泣く泣くあきらめたそうです。その後、国内でうどんづくりに打ち込み、成功を収めました。

それから40年あまり、ブラジルへのあこがれが遠い昔の思い出として消えようとしていた頃、再び社長の心に火をつける出来事が起こりました。

三兄の昭雄がブラジルへ渡り、そこで自力で事業を興したのです。

当然、社長はそのことに大きな関心を持ちました。

1971年、社長はブラジルへ視察旅行に出かけました。昭雄の陣中見舞のつもりだったようですが、そこで社長ははるか昔に抱いたブラジルへのあこがれを、50代半ばになって思い出しました。忘れかけていた自分の夢を実現できそうな手ごたえを得たのです。

息子を激励するだけのつもりで立ち寄った社長は、そこで、日本から渡ってブラジルで農業を営んでいる日系移民の人たちと会う機会に恵まれました。日本の企業として、ぜひここブラジルで協力してくれないかと頼まれたのです。

日系移民の人たちは大変な苦労をしながら、大規模な土地での栽培を実現させたり、栽培が難しいとされる作物の生産を成功させたり、ブラジルでは一目置かれる存在になっていました。

それでも彼らがなかなか実現できないでいた分野がありました。つくった作物の貯蔵と流通です。特に当時は、北半球での穀物が不作して、ブラジルをはじめ南半球の農業に世界的に大きな期待がかかっていました。できた穀物を港まで運び、さらに船で世界中に届けるには、短くともひと月、長ければ数カ月の間、海を渡らなければなりません。

穀物を腐らせずに運ぶためには、船積みする前にそれを十分に乾燥させる必要がありました。それができる施設を島田屋本店の力でつくって運営して欲しい。そうすればブラジルでつくる大量の穀物を世界中に送り届けることができるでしょう。ブラジルの日系人の農業はもっともっと発展するはずです。

日系移民の人たちと、そんな話をしているうちに、社長はブラジルで事業を興すというかつての夢を思い出したのです。

穀物の乾燥施設をつくることから始まった事業構想は、後にはいっそのことブラジルでそばの原料であるそばの実を大量に栽培し、それを船で日本に運ぶという、よりスケールの大きな話になり、安くておいしいそばをもっともっと日本中に広げられると考えました。

すでに息子のひとりはブラジルに滞在しています。そして、ブラジルの日系人たちは島田屋本店に大きな期待を寄せています。社長にとっては、天が与えてくれた大きなチャンスにも思えたでしょう。取り組まないわけがありません。

社長は自らブラジルでの事業に関わる決意をし、さらに2番目の息子の清和も参加することになりました。

清和はイタリアで自動車の仕事をする夢を持っていました。

実際にイタリアで修行を積み、帰国して試作車をつくる会社を興したのですが、第1号車の製作中にその下敷きになるという事故に逢い、経営者としての道をあきらめました。しかし、本来の自動車の仕事の夢はあきらめきれず、再びイタリアへ家族と共に渡ろうとしていました。

ところが、家族で日本から飛び立った途中、ブラジルで働く弟の昭雄のことが気になり立ち寄ってみると、昭雄は「兄さん、ぜひ手伝ってくれ」と言うではないですか。急激に膨らむ〝倉庫業〟に手を焼いていた昭雄は、兄の清和に助けを求めました。

清和は子どもの時からケンカっ早く、バイクを乗り回してカミナリ族（いまでいう暴走族）をやるほど無茶な人間でした。しかし、誰よりも優しく、弟の窮状を見て知らんぷりはできなかったのです。家族の反対を押し切り、自分の自動車の夢も追いやって、「よっしゃ、任せとけ」と、昭雄と共にブラジルの事業に専念することにしたのです。

こうして1973年、島田屋本店の子会社としてサンパウロに設立されたのがマックブロス社でした。マックブロス、すなわちマキ ブラザース、「牧の兄弟」という意味です。

ブラジルでのそばの栽培が実現すれば、日本国内でのそば市場を一気に拡大することができるでしょう。健康によいそばが日本で日常的に消費されるようになれば、日本人の食生活をガラリと変えてしまうことになるかもしれません。世界的な規模の取引によって、日本の食文化へも影響を与える歴史的な事業になるかもしれないのです。社長はもちろん、兄たちも、そして私も興奮を抑えることができませんでした。

飛行機で24時間、自動車で8時間のポンタグロッサへ

私がブラジルへ渡ったのが1974年の暮れのことでした。飛行機で24時間かけてサンパウロまで飛びました。

じつは、私が日本を発つ前、日本の島田屋本店で専務を務めていた長兄の順は、私の就職先を探してくれていました。サンパウロの東、約400キロのところにあるリオデジャネイロの企業で私が働けるように手配してくれていたのです。

私が少しでもブラジルでの暮らしに馴染めるようにと、兄の順は気を配ってくれたのでしょ

う。時間がかかっても私が現地の事情に通じることができれば、後々マックブロス社にとってもプラスになるはずです。日本にいた長兄の順もまた、彼なりにブラジル事業に期待し、慎重に対応していたのだと思います。私がリオデジャネイロで働けば、大都会ですから、日本とまったく同じとはいかなくとも、不自由なく暮らすことはできたはずです。

しかし、私は一刻も早く兄たちのブラジルの事業に加わりたいといきりたっていました。現地で仕事に向き合っていた次兄の清和と三兄の昭雄は、大事業を形にするために目の色を変えて取り組んでいました。私もまったく同じ気持ちで、少しでも早くふたりの兄の役に立ちたいと思っていました。なにしろ、狭山営業所で8カ月間働きながら、ブラジルへ行ける日をいまかいまかと首を長くして待っていたのです。

私は長兄の計らいを無視して、直接、マックブロス社の生産の中枢であるパラナ州のポンタグロッサに向かいました。サンパウロから西方向、ブラジルの内陸に向かって500キロほどのところにある街です。兄の顔をつぶした形になり、実際、後日、ひどく怒られました。もちろん、申し訳ない気持ちはありましたが、私は、広大なブラジルを舞台にした世界的な事業に少しでも早く関わってみたかったのです。

当初、ブラジルの日系人がつくる穀物の乾燥を行う〝倉庫業〟として事業を始めたマックブロス社でしたが、私がブラジルへ渡った頃には、ブラジル産のそばの実（玄蕎麦《げんそば》）を、日本へ輸出する〝輸出業〟のほうも急激に伸びていました。パラナ州は、日系人が最も多く農業を営む地域です。マックブロス社は、周辺の農家に働きかけてそばを栽培してもらい、それを買い取って乾燥させ、玄蕎麦として日本へ船で運ぶのです。

日本への輸出は、会社設立前の1972年からすでに始まっており、その年は52トンの実績でしたが、翌73年になるとその10倍以上の600トンになり、私がブラジルへ渡った74年には1200トンになっていました。兄たちは「前年に会社を立ち上げたばかりなのに、初年度でこんなに儲かっていいのだろうか」と言っていたほど、穀物の倉庫業と合わせて、まさに倍々ゲーム、ものすごい勢いで事業は伸びていたのです。

私が到着した頃、ポンタグロッサのマックブロス社の敷地には、乾燥のための塔が完成し、倉庫が半分ほどできあがっていました。これからどんどん日系農家の穀物を預かる予定でした。半分しかできあがっていない倉庫にも、トウモロコシで荷台を一杯にした大型トラックが列をなして並び、次々とトウモロコシをおろしていました。

トウモロコシをはじめ穀物は、まず倉庫の入り口付近につくられた乾燥のための塔の中に運ばれます。塔の中では金属製のケースが観覧車のように回っており、ケースは回りながら下でたまっている穀物をすくい、そのまま上まで上って、そこでひっくり返って穀物をパラパラと下へ落とします。そこへ重油で焚いたボイラーの熱風を横から吹き付け、乾燥させるのです。

24時間稼働で、数日かけて乾燥させたあと、穀物はすぐ横の倉庫に貯蔵するのですが、その広さはサッカー場がいくつも入るほどで、天井に備えたコンベアかブルドーザーで奥まで運び込みます。

ブラジルパラナ州ポンタグロッサ付近のそば畑で。そばの育成の様子を確認しに、結婚したばかりの妻ののぞみと出かけて撮影した

乾燥し終えた穀物を運び出す時も同様です。数珠つなぎになったトラックが次々と倉庫の入り口に着くと、荷台一杯に穀物をコンベアで荷台に積み込んでいきます。そして倉庫のすぐ目の前を通る国道に入って南へ向かい、そのままパラナ州の州都、クリチーバのさらにその先のパラナグアの港へ行って、荷を船に積み替えて日本を始め海外の市場へ送るの

です。

会社の敷地内には、倉庫と共に社員が常駐する建物、そしてサッカー場がありました。ブラジルではどこへ行っても、子どもたちがサッカーで遊ぶ光景を目にします。ここでの〝サッカー熱〟は相当なもので、子どもたちはたとえボールがなくとも、丸めた布を縫い合わせてボールらしきものをつくってサッカーを始めてしまうほどでした。ブラジル人たちにとってサッカーはなくてはならないスポーツです。そんなわけで、マックブロス社の倉庫の横にも、ちゃんとゴールポストのある、立派なサッカー場が備えられていました。

倉庫は、完成すれば全部で2万5000トンの玄蕎麦が保存できるはずでした。実際にその後、日本への玄蕎麦の年間輸出量はちょうど2万5000トンにまでなりました。現実にはそこをピークに事業は暗転してしまうのですが、私が渡った74年はそんな懸念などまったくなく、2万5000トンでも足りないだろうと、もう一つの倉庫の建設計画もあったほどです。

南へ1000キロ、敬意を払ってくれたイタリア系移民の農家

限りなく大きくなるかに見えた事業を前に、興奮を隠し切れなかった私でしたが、ポンタグロッサにいたのはほんの1週間ほどで、すぐに兄からパラナ州のさらに南、ブラジルの最南端の州、リオ・グランデ・ド・スール州のバラコン行きを命じられました。

日本へ輸出するための玄蕎麦は、いくらあっても足りません。そのため、ポンタグロッサから南へ直線距離では500キロ、未舗装道を大きく迂回すると事実上1000キロほどのところのバラコンまで行き、その周辺の農家からそばの実を集めろ、というのです。その地域はイタリアからの移民が数多く暮らし、ロシア移民に教えられて、以前から痩せた土地でも育つそばの栽培をしていたところでした。

バラコンまではポンタグロッサから車で10時間、行ってみて驚きました。街は高原にあり、農家は起伏の激しい土地の中のわずかな平地を利用して作物を栽培していました。ポンタグロッサの周辺で見てきた大規模農業とはほど遠い姿でした。

会社が運営する、そばの実を乾燥させるための塔や倉庫もありましたが、その規模はせいぜい10トン程度、ポンタグロッサの倉庫の2500分の1程度でしかありませんでした。しかも燃料は重油ではなく薪です。薪を懸命にくべて熱風をつくり、それでそばの実を乾燥させていたのです。

ポンタグロッサでは、ふたりの兄がいたため、当然、やりとりは日本語で行っていましたが、バラコンで使われていた言葉はブラジルの多くの土地と同様、ポルトガル語でした。私は、まったく違う世界に投げ込まれたような気持ちになりました。

幸いなことに、仕事を進めるための会社の仲間がいました。ひとりが日本人移民の小池四郎さん、そしてもうひとりが私と同い年のドイツ系ブラジル人のラウー・バッハさんでした。私は彼のことを親しみを込めて「ラウー」と呼んでいました。

小池四郎さんは私よりも10歳ほど年上で、ポルトガル語ができるため、単独で周辺の農家との契約を進めていました。私とラウーの仕事は、収穫したそばの実を乾燥させるための乾燥塔、兼、倉庫の管理でした。

倉庫のすぐ隣の部屋が3人の住居です。そこでの共同生活が始まりました。日本語を話せる人間はふたりいたものの、3人での共通語はポルトガル語と決めました。そんなわけで、私はポルトガル語を必死で覚えることになりました。私のおかしなポルトガル語を辛抱強く直すのはラウーの役目でした。一方で日本人びいきのラウーに、私が正しい日本語を教えました。

食事は当番でつくりました。ポンタグロッサでは、週に一度、日本の食材が届く店がありましたが、ここバラコンではさすがにそのような店はありません。それどころか通常の食材も、車に乗って1時間ほどデコボコ、雨になるとドロドロになる道を走り続け、街で1軒しかない食料品店で買わなければなりませんでした。夜は2台の2段ベッドに分かれて寝ました。日中、小池さんは農家を回るために外出します。私とラウーが倉庫の管理をしますが、なにしろ温風をつくる燃料は薪ですから、24時間稼働させ続けるために、絶えず薪をくべ続けなければなりません。

そばの実を塔の上まで運ぶコンベアや、熱風を送るためのファンには電気を使っていましたが、それもしょっちゅう故障しました。自力で直したり、部品を取り寄せて交換したり、四苦八苦しながらなんとか仕事をこなす日々が続きました。

薪が原料なので温風の微調整はできません。そばの実の乾燥具合は、当然、外の気温や天候にも左右されます。どれほど乾燥したのか、水分計を持って絶えずそばの実を測定する必要もあります。

装置はいつ故障で止まるかわからず、また、そばの実がどういう状態になっているのかを正確につかむために、つきっきりで監視していなければならない状態でした。すぐ隣が住居だったのは、こういうわけだったのです。

そばを栽培してくれる農家を探して契約を結び、実際にそばの実を買い付ける。それは主に小池さんの役割でしたが、私とラウーも、倉庫の管理の合間を縫って、ふたりで周辺の農家や農協を訪問しました。

正直いって最初は面食らいました。そこでは高原地帯のわずかな平地を用いた小さな畑が続き、耕しているのはイタリア系の移民たちでした。日系人などは見当たりません。また、時々、牛を飼っている農家がありましたが、そこにはまさに腰に拳銃をつけ、馬に乗ったカウボーイたちがいました。西部劇さながらです。

「あんな銃、本当に必要なのか？」とラウーに聞くと、「いや、俺もいつも身につけているよ」と、ラウーは当たり前のように自分のリボルバーを見せてくれました。「これがなければとても安心して暮らしていけない」と言うのです。私は半信半疑でしたが、その後、自分でもリボルバーを購入しました。あまりにも簡単に買えたことに驚きました。

彼の地の農家の暮らしは決して裕福とはいえない状況でした。家は見るからに掘っ立て小屋に近いつくりで、バラコンという街の名の由来が、バラックだと知って納得したものです。

各家の玄関の前には、必ず縦10センチ、横20センチほどの金属の板が地面に刺さっていました。そこで靴についた泥を拭って家に入るのが習慣でした。

しかし意外なことに、外のみすぼらしい姿とは裏腹に、中は驚くほどきれいな家がたくさんありました。チリ一つないほどに掃除が行き届き、土足で入るのが忍びなく、思わず靴を脱いだことがあったほどです。ご主人から靴を履いたままあがってよいと促され、その通りにしましたが、以来、私は農家の家にあがる時は、必ず念入りに靴についた泥を拭うようにしました。農家の人たちは、本当に熱心に私たちの話に耳を傾けてくれました。これは、ブラジルで日系人の評判が非常に高かったことが影響していたようです。

国をあげてのブラジルへの移民が正式に始まったのが、1900年代初頭です。日本政府はすぐにでも財をなせるという、まさに夢のような話で移民を募りましたが、実際に日本からブラジルへ渡った人たちは、初めは契約労働者として低賃金で働くなど非常に苦労したと聞きます。日本の移民政策は「棄民」であると言われたほどです。

その後、移民たちは自分の農地を得て独立し始めますが、不作や相場の暴落に見舞われ、苦労は続きました。そんな過酷な状況下でも、成功する人たちが出てきます。その代表がパラナ州で農業を営む日本人たちでした。

ブラジルにはバタテイロという言葉があります。バタータとはジャガイモのことで、バタテイロとはバタータをつくる人、つまりジャガイモを栽培する農家という意味なのですが、もう一つ、山師という意味もあります。ブラジルではジャガイモの栽培は、賭博だというのです。

ジャガイモの栽培は手間も経費もかかり、技術も必要です。たくさん収穫できればよいかというと、豊作で相場が下がってしまうようなこともあります。ブラジルの人にとっては、ジャガイモづくりは成功するか失敗するか、まさにやってみなければわからない賭けのようなものでした。日本からブラジルへ渡った移民の人たちは、栽培の難しい穀物にあえて挑戦し、成功をつかんでいったのです。

その後も伝統は受け継がれ、私がブラジルにいた当時も、日系人は技術が必要な難しい作物の栽培ができる人たちとして認められていました。広い土地を使って効率的に、かつ、創意工夫を重ねて農業をするのです。ブラジルで一目置かれる存在になっていたのがそんな日系人たちでした。

農業で成功した人たちは、自分の子どもへの教育にお金をかけました。その結果、ブラジルでは日系人の弁護士や政治家、医者など、要職に就く人たちが続き、ますます尊敬される存在となっていきました。

私がブラジルへ渡ったのは1974年で、日本からブラジルへの移民が始まった1900年代当初とはもちろん事情はかなり違います。それでも、次のようなことを記憶しています。

私は飛行機でブラジルへ渡ったのですが、少し前までは船で渡るのが一般的でした。船で家族と共にブラジルへ渡る移民のための手引書を見たことがあるのですが、そこでは荷物をダンボールでも木箱でもなく、ドラム缶に詰めていくように指示されていました。

どうしてドラム缶に？　ひと月もふた月もかかる船の旅では丈夫な入れ物がいいに決まっていますが、それにしてもそんなに重くかさばるものを？　そう思って読み進めていくと、やがて理由がわかりました。ドラム缶を現地まで持っていけば、フタを切り取って風呂にすることができるというのです。

いま聞けば思わず笑ってしまうような話ですが、当時は真面目にこんなことがいわれていたのです。いかに何もないところで生活を切り開いていったのか。ブラジルでの過酷な生活の一端が垣間見える話でした。

バラコンでは、私はろくにポルトガル語もしゃべれず、現実の交渉はラウーに任せっきりでしたが、それでも日本人というだけで敬意を払ってもらえたのは、過去に過酷な生活を克服し、ブラジルで尊敬される存在にまでなっていた日系人のおかげだったと思っています。

1台の車に8人で乗り込んで向かったダンスパーティ

外国の人を相手に交渉するなど初めてのこともあり、緊張したり興奮したりで、バラコンでの時間はあっという間に過ぎていきました。

仕事ばかりでなく、普段の生活の面でも驚くような体験ばかりでした。向こうではどこへ行くにも自動車がなくてはならず必需品でしたが、道路はというと整備されていたところはむしろ少なく、特にバラコンでは舗装道路など滅多になく、たいていはむき出しの土の上を走ることになりました。

晴れた日は、デコボコ道の激しい揺れと舞い上がる土ぼこりさえ気にしなければ何とかなるのですが（それもまた大変なことは大変だったのですが）、悲惨なのは雨が降った日でした。独特の赤土が雨でドロドロになり、まるでグリスのように道を覆ってしまいます。スピードをあげて自動車を走らせようものなら、後輪が左右に大きくスリップしてうねり、方向を定めることが難しくなります。かといってゆっくり走れば、ぬかるんで動けなくなってしまいます。

現実に雨に遭って、動けなくなったことがありました。農家を回るために畑の真ん中の農道を走っていた時、あっという間に雨雲が迫ったかと思うと大粒の雨が降り出し、あたりはたちまちぬかるみになってしまったのです。どうしても前に進むことができず、なんとか引き返して近くの集落で宿を探して泊まりました。

宿が見つかったからよかったようなものの、夜、車の中で過ごさざるを得ない状況になれば、それこそ命の危険があったかもしれません。実際に夜に強盗に襲われたという事件が頻繁に起きていました。

日本では考えられないような〝危険〟があちこちにあったのですが、一方、ブラジルならではの楽しいこともありました。

隣町でダンスパーティがあると聞いて、ラウーと出かけようとすると、周辺の村の女の子たちも一緒に行きたいというのです。

女の子たちとは、私がバラコンに到着した直後からの顔見知りでした。地球の裏側から来た日本人をひと目見ようと、みんなで倉庫にまで押しかけてきたのです。朝、表が騒がしいとドアを開けると、そこに何人もの若い女性が立っていました。

その後も村に行くたびに挨拶を交わしていたのですが、私とラウーがパーティに行くと誰かが聞きつけ、私も私もと女の子たちが押しかけてきました。結局、フォルクスワーゲンのビートルに、なんと8人が乗り込んで出かけたのです。

イタリア系の女の子たちは美人揃いで、そんな娘たちとぎゅうぎゅう詰めになってデコボコ道を揺られるのも、ブラジルならではの体験でした。

ダンスパーティでも日本人は珍しがられました。若い男性が寄って来るので、最初は何だろうと引き気味に対応していましたが、「うちの妹と踊ってくれ」と言われ、ほっとして踊ったことを覚えています。

こうして、仕事でも私生活でも興奮続きの連続で、ある意味、とても充実した生活を送っていたのですが、会社のほうはというと、それまでの天井知らずで伸びていた事業が曲がり角を迎えていました。バラコンへ来て3カ月、私はポンタグロッサに呼び戻されました。新たな指令は、倉庫の隣に新しく製粉工場を立ち上げろというものでした。

ブラジル国内での販売のため、倉庫横に本格的な製粉工場を建設

そばの実を乾燥させた玄蕎麦の日本への輸出量は、その後も伸び続けました。私がブラジル

へやって来た1974年は、その量が1200トンになったところまですでにお話ししましたが、その後も翌75年には6000トンと5倍になり、さらに最終的には2万5000トンにまでなったのですが、だからといって利益が確保できたのかというとそうではありませんでした。

マックブロス社が玄蕎麦を、ブラジルのクリチーバ港から船で出荷した。そうニュースが伝わると、日本国内の玄蕎麦の相場がどんどん下がっていくのです。

当時、船でブラジルから日本まではひと月半ほどかかりました。その間に相場は下がり続け、船が日本に着く頃には底値になっていました。せっかく地球の反対側から運んだにもかかわらず、安く買い叩かれる有様でした。

マックブロス社は、ブラジルの農家とは相場によらず一定の価格で引き取る契約栽培を行っていました。大量に栽培することで、日本国内での栽培に比べて安くつくれたのですが、日本に輸出した段階でさらに安く買い叩かれてしまっては、利益を出すどころではなくなってしまいます。

私は1978年に帰国するのですが、その後もそのような状態は続き、利益にならないために引き取り手が現れず、せっかく日本まで運んだ玄蕎麦を港で腐らせてしまうこともあったと聞きます。

当時の日本全体のそばの消費量は、玄蕎麦に換算すれば10万トンほどでした。マックブロス社は最も多い時で2万5000トンの玄蕎麦を日本へ輸出しました。国内消費量の4分の1にあたる膨大な量を送り付けたわけですから、相場が下落するのも無理もありません。

しかし、日本国内の業界が、ブラジルからの安い原料を本当に活用する気があれば、国内のそば市場はより大きくなったはずです。現在でも日本でのそばの消費量は当時と変わっていません。国内の市場規模と共に価格を維持しようという力がどこからか働いたのでしょうか。だとしたら、我々そばをつくるメーカーにとってはもちろん、そばの生産者にとっても、また消費者にとっても不幸としかいいようがありません。

ブラジルで原料をどんどんつくり、日本で安くておいしいそばをどんどん食べてもらう。日本人の食生活をも変えようという壮大な計画は、こうしてわずか数年で大きな壁にぶちあたりました。

最終的には、ブラジルで玄蕎麦をつくればつくるほど窮地に陥ってしまう事態になってしまうのですが、私が滞在中はまだその傾向が現れ始めたばかりの頃で、兄たちは何とかしなくてはと、あれこれ対策を練っている段階でした。

対策の一つが、玄蕎麦を日本に輸出するのではなく、ブラジルで製粉してそば粉に加工し、ブラジル国内で消費しようというものでした。ブラジルでは、パンは一般食としてよく食べられていたため、小麦に変わる原料としてそば粉を使ってもらえるのではないかと考えたのです。そのために必要だったのが製粉工場でした。そこで、ポンタグロッサの倉庫の横に、4階建ての製粉工場を建設しようという計画が持ち上がりました。それを進めるために、私が急遽、バラコンから呼び戻されることになったのです。

本格的な製粉工場をつくろうと、日本で使われているなかでも、特に大規模に操業している工場が使っているものと同じ機械を取り寄せました。また、日本からは製粉会社の社員と機械メーカーの技術者がわざわざポンタグロッサまで訪れて、機械の設置や稼働までの面倒を見てくれました。ブラジルで建設業を営んでいる日系人も工場の建設に加わり、私も入れた4人であぁでもないこうでもないと議論を重ねながら工場をつくっていきました。

パンの生地に使える乾燥卵入りのそば粉を販売

兄たちは一刻も早く操業したいとのことで、建物の建設も、機械の設置も、すべてを同時に進行させる必要がありました。

4階が石抜きの工程です。倉庫に運び込まれたそばの実には、収穫時にコンバインによって巻き込まれた石や砂などの細かな異物が混じっています。そばの実はもともと黒っぽいため、石が混じっていてもなかなか見分けはつきません。玄蕎麦と石類の比重の違いを利用して取り除くのが、そば粉をつくる最初の工程です。

次に必要なのが皮むきの工程です。そばの実は3枚の硬い皮で包まれており、きれいに取り除けば薄緑色の薄皮を被った白い実だけを取り出すことができます。

精米に用いる機械と似たような仕組みの機械で皮をはぎ取るのですが、実の部分を多く残そうとすれば、皮の一部がふすまとして残ってしまい、皮の部分を多く取り除けば、実が小さくなってしまいます。

剥きとった皮は、そば殻としてまくらの材料にもなりました。3枚の皮が一体となったまま残せれば、枕としてほどよい空洞と弾力が生まれます。実も皮もどちらもきれいな状態で分離させて残す。それが皮むきの工程の大事なポイントでした。

その後、白い実のほうを細かく砕いて製粉します。ただ、小麦とは違い、そばは熱が加わると風味を損なってしまいます。細かく砕きすりつぶす仕組みは小麦粉と同じですが、熱を帯びないように慎重に行う必要があったのです。

建物を建てつつ、壁ができあがらないうちに、大型の機械を搬入して所定の位置に収めていきます。手順を間違えれば、機械を中に入れることができなくなります。それぞれの技術者たちと話し合いながら慎重に手順を考え、かつ、迅速に進めた結果、無事、2カ月後には製粉工場を完成させることができました。

しかし、仕事はそれで終わりではなく、むしろそこからが始まりでした。まだ工場の建設中に、兄が商社と契約を交わし、そば粉をつくる過程で出てくるそば殻を日本に輸出することにしたというのです。そば粉よりも、そば殻のほうが日本人にとって商品化しやすかったのでしょうか。

とにかく工場が無事竣工したのだから、ひと月後までこれだけ頼むと兄たちに気軽に言われたのですが、機械の能力などを改めて計算し直してみると、24時間ぶっ通しで稼働させてなんとか間に合う見込みです。私は、慌てて人員を私のほかにもうひとりオペレーターとして働けるブラジル人を探して、ふたりで昼夜交代で工場を操業させることにしました。

バラコンでの生活はわずか3カ月間でしたが、その間に日常会話レベルのポルトガル語を覚えられたことが、ここで役に立ちました。覚えたてのポルトガル語でもうひとりのブラジル人と相談しつつ、工場の操業に必要な人員を現地で集めて何とか操業にこぎ着け、ひと月間で約束の量をつくることができました。

できあがったそば殻をトラックに積み込む時、ドライバーのブラジル人が不満そうに怒鳴っていたのを覚えています。かさばかり多くて金にならない。そんな趣旨でした。

たしかに、そば殻は、皮が3枚一体となった状態を残して中の空洞を保つことができれば、軽くて風通しのよい枕の材料にすることができます。反面、そんな原料はかさばかりが大きく、運ぶ側からすれば極端に効率が悪くなるわけです。

そんなものをなんでわざわざ運ぶ必要があるのか。ブラジル人にとっては、そば殻の価値は理解できなかったのかもしれません。雨に濡れないよう厳命も受けたことで（商品価値はなくなってしまいます）、彼の当惑と不満はいっそうふくらんだようです。そんなこともありましたが、クリチーバまでの約120キロ、さらにその先のパラナグアの港まで90キロ、合計200キロ以上なんとか天気は保ち、無事に船に積み込むことができました。工場でつくった最初の商品は無事に日本に運ばれたのでした。

もっとも、製粉工場を操業する本当の目的は、そば粉の製造です。そちらの仕事も入って来るようになりましたが、安定したものではありませんでした。販売の方針が頻繁に変わり、製造もそれに振り回されることになったからです。

当初、兄たちがそば粉を販売する対象としたのが、ブラジルのパン屋でした。パンの材料である小麦粉に混ぜて使ってもらおうとしたのです。

ブラジルではパンを主食として食べていましたが、その原料である小麦粉はほぼ100％輸入に頼っていました。ブラジル国内では小麦は獲れなかったのです。しかしそれは食糧安全保障上、好ましいものではありません。現実に、外貨がどんどん外へ出ていってしまう事態に、政府は何とか対策を打ちたいと考えていました。

小麦粉に代わって、ブラジル産のそば粉がその1割でも代用できれば、大きな成果です。当時のブラジル政府の後押しもあり、小麦粉に1割ほどそば粉を混ぜて、ブラジルの消費者に日常的に料理に使ってもらおうとしました。

しかし、そば粉は皮の破片、ふすまが混じっているために黒く、焼いたパンも黒くなってしまいました。いまであれば、健康志向もあって受けそうなそば粉入りのパンですが、当時は、白いのが当たり前のパンが黒くなることに、抵抗感を持つパン屋は少なくありませんでした。何より使い慣れていない材料を使うことが敬遠され、結局、パン屋への販売はあきらめなければなりませんでした。

次に兄たちが考えたのが、消費者へ直接、そば粉を販売することでした。ただし、そのまま混ぜては黒っぽく見えるため、パン屋と同様、敬遠されてしまうでしょう。そこで卵を乾燥させた粉もミックスして、家庭用の小袋に詰めて売り出すことにしました。少しでも栄養価の高い素材であるということを強調したかったのです。

それまで大袋に詰めて出荷していた製粉工場では、急遽、大袋から小袋に詰め替える工程を加えて対処しました。工場周辺から人を募り、集まった20人ほどの女性たちで、工場の2階で小袋に詰め替えました。

このそば粉と乾燥卵の入った小麦粉を使えば、各家庭ではパンも焼けるし、ケーキもつくることができます。テレビコマーシャルを制作して放映し、地元のセールスマンも雇って普及を図りました。

予想だにしなかった展開での結婚、そしてブラジルでの新婚生活

兄たちも私もそば粉には大きな価値があると信じていました。たしかに、壁にぶつかっては

いましたが、いつかはそれを乗り越えられるという自信もありました。なにしろ私は、ブラジルに定住する覚悟で来たのです。

ですから、結婚については、まったく考えたこともありませんでした。ところが、運命とはわからないものです。私は突然結婚し、妻をブラジルへ連れてくることになりました。

どこか他人事のように書いているのはこんなわけです。ある日、母から届いた手紙に若い女性の写真が入っていました。見合い写真のような正式なものではなく、ただのスナップ写真でした。

わけもわからず放っておくと、母からの次の手紙では、いい人だから決めなさいと書かれていました。どうやら母はあちこち歩き、私の妻の候補を探していたようです。そして実際に探し当て、本人と話をし、その両親とも顔を合わせたというのです。私の父も当人と両親共に会い、全員、すっかりその気になっているというのです。

私は当人にも両親にもまったく会ったこともありません。写真で見ただけなのです。いまなら考えられないことでしょうが、当時は決して珍しいことではありませんでした。

なかでもブラジルへ渡った人にとっては、現地で心の通う異性に出会う機会は滅多にありません。日本に残った両親や親戚が、結婚相手を探して紹介することは、じつはよくあることでした。「ピクチャーブライド」という言葉があったほどです。私の母も、私がブラジルへ渡った時から、そのつもりで相手を探していたのです。

日本では着々と私の結婚話が進み、すっかり外堀を埋められた格好になってしまいましたが、私は結婚する気などまったくありませんでした。

当時の私は、まだ20代の前半でしたし、当分はブラジルの事業に専念する覚悟でいたからです。しかも事業はどうやら曲がり角に来ており、自分だけ浮かれた気持ちにはなれませんでした。

ブラジル事業はいつか好転すると信じていましたが、それでも何がどうなるか、将来のことは誰にもわかりません。そんな状態でひとりの女性をブラジルまで連れてくることはできないと考えていました。

しかし、ブラジルで兄たちや知り合いにその話をすると、彼らもずいぶん乗り気でした。ブラジルに永住するつもりなら、家族が大きな支えになり、生きがいにもなる。仕事に打ち込むためにもぜひ結婚しろよ。ブラジルで日本から渡った移民の人にそうも言われ、そんなものかとも思いました。

そこで、ブラジル事業への資金調達のために帰国した折、その女性に会うことにしました。

最初のデートは渋谷でした。

京王井の頭線の渋谷駅で待ち合わせましたが、写真で見ただけですので、どんな人なのかまったくわかっていませんでした。危うくほかの人に声をかけるところでしたが、直前ではっと気づいて、本人を見つけ、なんとかふたりで歩き始めました。

現在、渋谷の東口、ヒカリエが建っているところは当時、東急文化会館でしたが、その隣に小さな「フランセ」という名の洋菓子店がありました。最初にふたりで行ったのがその店でした。

ずっとあとになって妻が娘に話したことによれば、フランセで席に着く時、ふたりで顔を見合わせて「ふふふ」と笑ったことがよくて、結婚を決めたそうです。しかし、当時、私はそんなことにはまったく気づかず、ふたりでお茶を飲みながらケーキを食べると、次は寄席に誘いました。最初のデートが落語かと、いまから考えれば無計画というか、思い切ったことをしたものですが、桂米丸師匠が出てきて「最近は寄席にデートでいらっしゃる方も増えているようで……」と切り出し、ふたりで、「えーっ」と顔を見合わせて笑ったことを覚えています。

その後、このラーメンがうまいんだと、テーブルが脂でギトギトになった店に連れて行ったり、いま思えばさんざんなデートでした。これもずっとあとになって妻が言ったことですが、あの時はせっかくおしゃれをしたのに、飛び跳ねたラーメンの汁でベタベタになって最悪だったそうです。

妻は、当時はそんなことにはまったく顔に出さず私に合わせてくれたのですが、私のほうも彼女が気を使ってくれたことはわかっていたつもりです。愛情深い両親に育てられた人ということもわかり、1週間後にまた会うことにして、その時に結婚を申し込みました。

結婚式は次に帰国した時にしようと4カ月後の12月に予定して、私は日本をあとにしました。1977年12月に結婚式を終え、ふたりでブラジルへ渡ろうという時、羽田空港で親戚一同が見送ってくれました。妻は妹と共に、もう一生会えないかもしれないと泣きはらしていました。

実際、ブラジルへ渡った人は日本に戻ることなくブラジルで生涯を終える人は少なくありませんでした。私もそんな覚悟はありました。しかし、実際には1年後に帰国するのですから、運命はわかりません。妻は今生の別れのようにあれだけ泣いたのに、たった1年で戻って恥ずかしかったと語っています。

ともかくこうしてあっという間に私たちは結婚を決め、ブラジルでの新婚生活が始まりました。

新居はポンタグロッサ郊外の建売の住宅です。倉庫と工場までは車で30分ほどのところの静かな住宅地の家でした。自分たちが住むための家と共に、持っていた貯金をはたいて周辺の住宅8軒分の敷地も購入しました。永住の覚悟と、インフレーションによる物価高騰の続くブラジルでは、現金より不動産と考えたからでもありました。

白い壁の我が家は快適そのものでした。平屋でしたが、日本では考えられないような広い部屋を持つことができ、また、庭も家の前後に大きく取ることができました。少し車を走らせれば、奇岩群で有名なビラベーリャ自然公園にも行けました。

ただ、当然ながら、日本では考えられないような危険な目にも数多く遭いました。ある日、仕事から帰ると、妻の顔がパンパンに腫れていました。どうしたのかと聞くと、庭いじりをしている時にアリに刺されたというのです。

慌てて病院へ連れていき、医者に注射をしてもらってしばらく休んだところ、無事に体調がもとに戻りました。最近、日本でもヒアリの被害が報告されましたが、似たような害虫がすぐ身近にいたようです。

またある晩、風呂の用意のために家の外に出た妻が悲鳴をあげて戻ってきたこともありました。家の外にボイラーがあり、そこに火をつけて風呂の水を温める仕組みだったのですが、裏のボイラー付近に不審な人物がしゃがみ込んでいるというのです。

私が「いよいよ出番が来たか」と言って取り出したのが、かつてラウーの助言で購入した拳銃でした。ドキドキしながら重い拳銃を持って家の裏に向かうと、確かに不振な人影がありました。大声を出して空へ一発撃ち込むと、人影は慌てて消え去りました。

バラコン同様、ポンタグロッサでも突然の雨に見舞われ、慌てたことがあります。契約栽培しているそばの生育具合を見ようと、妻と一緒に周辺の農場へ出かけました。どの畑でもそばは順調に育っており、ほっとして帰る途中、車を停めて、ピクニック気分で用意した弁当を食べながらブラジルの雄大な景色を楽しんでいました。

ところがそうしているうちにも、遠くに真っ黒な雨雲が見えたかと思うと、みるみる近づいていることに気がつきました。これはまずい。弁当を食べ終えないうちに、妻をせき立てて車に乗り込み、急いで家に急ぎました。

事情の飲み込めない妻は呆気にとられていましたが、私の必死の形相でよからぬことが迫っていることは理解できたようです。数分としないうちに雨が降り出し、道がぬかるみ始めました。

ここでスピードを緩めれば、土砂降りに追いつかれて動けなくなってしまうでしょう。自動車が大きくスリップするのにもかまわず、私は猛スピードで走り続けました。そんな私を妻は心配しましたが、停まれば動けなくなり、より危険な状況に置かれることになります。雨足が激しくなるなか、まるでラリーのように自動車をすっ飛ばして、なんとか無事に家にたどり着くことができました。

ほかにも危険というわけではなかったのですが、妻がひとりで家にいる時に日本の常識が通じない経験をしたこともあります。昼間、妻は家の門の外に女の子が見えたため声をかけたというのです。10歳にも満たない子で、迷子になったのか、困っているのか。といっても片言のポルトガル語では通じず、結局はそのままにするしかなかったのですが、家に戻る際、妻はたまたまポケットの中にあったアメを女の子にあげました。

女の子は喜んでどこかへ行ったため、妻はよかったと思って引き上げたのですが、その夜、その話を聞いた私は何かいやな予感に取り憑かれました。そして翌日、その予感は的中してしまったのです。

翌日の昼、やはり妻がひとりの時、なにやら外が騒がしいので出てみると、大勢の子どもたちが家の前に集まっていたというのです。昨日の女の子の姿も見えたため話しかけたところ、どうやら全員にアメをくれないかと言っているようです。そんなにはないと片言で伝えると、女の子は表情をガラリを変えて怒り出しました。いくら説明してもメンツを潰されたと納得せ

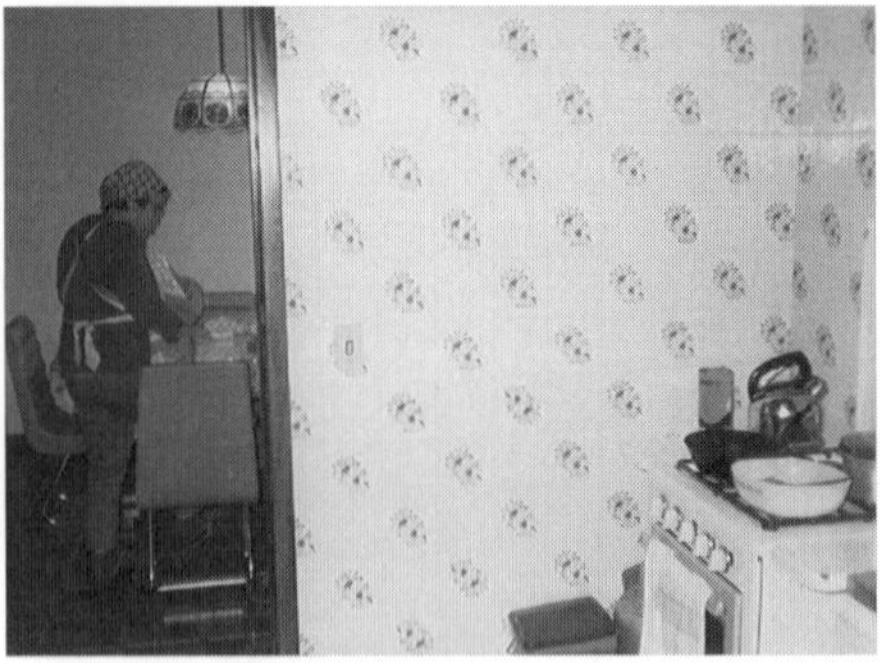

ポンタグロッサで新婚生活を送っていた新居の様子。サンパウロの三兄の昭雄のもとにいた母が、8時間かけて我が家にやってきた時に撮影した

ず、妻は家に戻るしかありませんでした。

日本ではとてもできない経験に冷や汗をかいたり、驚いたりしつつも、それでも私と妻はブラジルでの生活を楽しんでいました。

母も同様でした。母はすっかりブラジルが気に入ったようで、サンパウロまで飛行機で飛ぶと三兄の昭雄のもとで滞在することが常でしたが、思い出したように夜行バスに乗ると8時間揺られてポンタグロッサまで来て、私の家や兄の清和の家で過ごしていました。

しかし、一番気に入ったのは、サンパウロに住んでいた三兄の昭雄の家だったようです。

昭雄は、ブラジル事業を最初に始めた当人でしたが、妻が日系ブラジル人の2世で親戚がサンパウロ周辺にいたため、兄の家族もその郊外に家を購入して暮らしていました。

倉庫や製粉工場のあるポンタグロッサまでは、サンパウロから車で8時間の距離で、昭雄はポンタグロッサで単身赴任のような生活を送っていましたが、週末になるとサンパウロ郊外の自宅へ戻り、くつろいでいました。

そこはもとは農場主の家だったとのことで、中にビリヤード台があるような大きな造りでしたが、庭もまた大きく、バナナの樹があったのを覚えています。母はその一角で蘭を育てることに夢中でした。

日本では仕事ばかりしていた母からは想像ができませんでしたが、仕事に追われていた人生だったからこそ、ブラジルではそれを忘れて趣味に没頭したかったのでしょう。本当に楽しそうに蘭を育て、訪ねるたびにその話で持ちきりで、母もブラジルに移住するつもりだったのかもしれません。

一方、かつてあれほどブラジルへの移住を夢見た父は、たしかに事業に没頭してなんとか好転させたいとあの手この手を尽くしていましたが、移住するつもりはなかったようです。

日本を本拠にしつつ、月に一度は飛行機で24時間かけてブラジルへやって来ました。もちろんポンタグロッサまで足を運ぶのですが、飛行機の24時間だけでも大変なのに、さらに8時間自動車に揺られ、移動するだけで体力を使い果たしているようでした。私の家に来ても、横になって寝ていることが多かったようです。

続くマイナス要因、ついにブラジル事業は撤退に

このように、家族それぞれがブラジルでの生活や事業に向き合っていたのですが、肝心の事業は回復する兆しが見えませんでした。

ブラジル国内での消費をねらったそば粉は、パン屋でも、また一般家庭でも思ったように売れませんでした。また、ほかの面でも綻びが見えてきました。そばの実を確保するための基本である契約栽培がうまくいかなくなってきたのです。

最初に引き取る価格と量を決め、計画的に栽培してもらうのが契約栽培です。ポンタグロッサやバラコン周辺の農家に声をかけ、仕組みを説明して契約するのですが、思ったようにそばの実が入ってこない事態がしばしば持ち上がりました。

農作物ですから収穫は天候に左右されるのは当然のことです。しかし、それだけが理由ではありませんでした。

契約時、農家にとっては一定の価格でそばの実を買い取る契約栽培は魅力的なはずですが、収穫の時期になって市場のそばの相場が高騰しようものなら、そちらに売ってしまうのです。

市場価格が下がれば、当然、契約を守ってマックブロス社にそばの実を納めます。マックブロス社の引き取り価格は市場価格よりも高いので、農家にとっては得になるからです。

ある農家と契約を結んだ時は、初めに畑を耕すトラクターの燃料代がないから前借りしたいと言い出しました。収穫時に相殺すればよいのでとお金を用意すると、その後もたびたび何かあるたびにやってきては前借りをしていきました。

しかし、収穫時になると一向にそばの実をマックブロス社へ納める様子はありません。それまでたびたび畑を見てきましたが、栽培は順調に進んで十分な量が獲れたはずです。にもかかわらず、いつまで経っても納品する様子がないため、問い詰めると、相場が高い市場に売ってしまったというのです。

マックブロス社にとっては、相場が高い時にそばの実が確保できず、それを補うためには市場から高いそばの実を購入しなければなりません。また、相場が低い時は、農家は契約通りにマックブロス社にそばの実を納めるため、相場よりも高い価格で引き取ることになります。

結果的に、相場が高くても低くても、マックブロス社は常に最高値でそばの実を購入することになります。

市場価格に左右されずに、安定した量のそばの実を確保するための契約栽培です。長期的に続ければ、農家にとっても安定した収入をもたらすはずですが、目先の損得で動く農家があまりにも多く、そのたびにマックブロス社が振り回されることになりました。

そもそも契約を簡単に破ること自体、信じられないことなのですが、そんな農家があまりにも多かったのです。

ブラジル事業を始めようという大きな動機になったのは、日系人からブラジルでつくった穀物の乾燥を貯蔵ができる施設をつくって欲しいという要望があったからです。しかし、いざフタをあけてみると、日系人は技術が必要で付加価値の高い作物の栽培をする傾向があり、現実にそばを栽培するのは日系人以外の農家がほとんどでした。

言葉の違いなのか、文化の差なのか、契約という概念に対して非常におおざっぱなため、原料確保の基本となる仕組みが根底から成り立たなくなってしまったのです。

販売に苦労した上、このように原料であるそばの実の確保が予定よりもずっと高くつくことになってしまい、ブラジル事業は身動きがとれない状況に陥ってしまいました。

そんな困難な状況のなかでも、ブラジル在住の兄たち、そして何より父はブラジルでの事業をあきらめることはありませんでした。

農家があてにならないとわかると、自分たちで直営で農場を始めたのです。しかし、そのためにトラクターやコンバインなど大型の農業機械が必要になり、そのためにまた資金をつぎ込まなければならなくなりました。

社長は、しばしば日本の島田屋本店から資金を持ち出しては、ブラジル事業にあてました。創業者にとっては、会社は自分のものという感覚があったのでしょう。

しかし、それに異を唱えたのが長兄の順でした。当時、専務だった順は「会社は公器」として、父である社長の方針に反対しました。会社はもはや創業者の私物ではなく、社会的な存在であるというのです。ブラジルからの撤退を考えていたのでしょう。そうしなければ日本での事業も危うくしてしまいます。

社長と専務のブラジル事業をめぐる考え方の違いは、順が社長に就任した1977年以降も続きました。新社長となった順は、会社を守るためにもブラジル事業へお金をつぎ込むことを断固、阻止しました。

それでもあきらめ切れない父は会長となったあとも、自分の持っていた会社の株を放出したり、親族に呼びかけて株を手放して現金に換えてもらったりしてブラジル事業の資金にあてました。最後には自ら会社を辞めてその退職金をブラジル事業にもあてました。親族も含めて私的につぎ込んだお金は、いまの価値に換算すると数億円にのぼったと思います。

文字通り、私財を投げ打って賭けたブラジル事業でしたが、その後も好転することはありませんでした。

もはやブラジル政府の後押しも役には立ちませんでした。それどころか政権が交代すると、まるで前政権の施策を否定するかのように、事業を妨害するような動きも出てきました。

１９８２年、島田屋本店はついにブラジル事業から撤退することになりました。ブラジルへの投資は、当時のお金で合計５億円ほどに及びましたが、最終的には２億円の赤字で幕を閉じることになりました。

第3章

古川で知った製造の原点

古川工場で「バカヤロー！」の洗礼

ブラジル事業が挫折したことで、私たち夫婦は1978年に帰国しました。前年、父は会長となり、社長は長兄の牧順に引き継いで新体制での運営がすでに始まっていました。私が次に赴任したのは、東京・六本木のうどん店でした。2代目社長となったばかりの牧順は、外食産業に踏み込もうとしていたのです。

「めん太郎」と名付けられたそのうどん店は、六本木では誰もが知る洋菓子店のアマンドのある交差点の一角にオープンしました。私の肩書は課長でしたが、実際の業務はフロアの責任者で、毎日、店に立っては「いらっしゃいませ」「ご注文は？」とお客さまを迎えることでした。

新社長は新しい事業の可能性に懸けて、六本木にうどん店という異色の組み合わせで挑みました。しかし、現実は客層があまりにズレており、また新しい顧客を開拓できるわけでもなく、結局、売上につなげることはできなかったのです。

当時、外食チェーンは急激に伸びており、我が社もそれにあやかろうとしたわけですが、チェーン展開という考え方そのものを、じつはあまり理解していなかったように思います。もちろん私自身、店の方向性を見い出すことができず、黒字にできなかった責任はあります。

飲食店進出でも失敗して意気消沈する私に、会長となっていた父はただひと言「基本からやり直せ」と言いました。1979年、私が赴いたのが宮城県の大崎市（旧古川市）の古川工場です。製造主任という肩書でした。うどんつくりの現場からの再スタートです。

古川工場がつくられたのは1967年、その初代の工場長を勤めたのが叔父の服部敏夫でした。1951年に東京都渋谷区の東京工場の立ち上げ時と同様に、服部は父の命により、宮城でも先兵となって働いたのです。

1972年、古川工場は宮城シマダヤとして独立して島田屋本店の子会社となり、服部は社長に就任していました。それから6年、私が赴任した時、叔父の服部は心から喜んでくれました。私も今度こそ、ここで芽を出してやると意気込んで出向きましたが、着任早々、服部からガツンと一発、活を入れられてしまいました。

工場へ通うのにはもちろん、古川の生活ではどうしても自動車が必要になります。父である会長はそのことをわかっており、私の出発前に自動車を買うためのお金を提供してくれました。私は工場へ顔を出して服部に挨拶も早々、親父が金をくれたので自動車は何を買おうか、あれもいいこれもいいとつい口にしてしまいました。途端に服部から「ばかやろー！」と雷が落ち

宮城シマダヤ古川工場へ勤務時代、妻ののぞみ（左）と生まれたばかりの長女のあかりとともに、住んでいた市営住宅の隣の公園で撮影した

ました。

30歳にもならない若造が（この時、私は27歳でした）、新車を買うなどもってのほかだというのです。ポカンとして聞いていると、工場の駐車場を見てこいと言います。

言われた通りに行ってみると、砂利を敷き詰めただけの駐車場に、泥で汚れた自動車が並んでいました。みな社員のものです。家で農業を営みながら工場勤めをしている人が多く、工場へはみなガタガタの農道や林道を走ってやって来ます。それだけで車はほこりだらけになりますが、雪解けの季節や雨になると、車体中がドロドロになってしまいます。

そんななか、赴任したばかりの若造が――しかも会長の息子が、ピカピカの新車で出社したらみなどう思うのか。それを考えろというのです。そもそも親の金で新車を買おうという魂胆が甘過ぎる。経営者の親族だからこそいい思いをしてはいけない、気を引き締めろとこっぴどく叱られました。

その時、すでに私は、住居を古川市の市営アパートに決めていました。じつは一軒家を借りて住みたいと考えていたのですが、さすがにそれは、私にも大それたことに思えたためやめたのです。しかし、もしそうしていたら、私は服部につるし上げられ、張り倒されていたことでしょう。

結局、錆びだらけで天井が落ちそうなホンダのシビックを中古店から10万円ほどで購入すると、それで通勤することにしました。

包装機の入れ替えに七転八倒

工場で最初に受け持った仕事が、ミキサーで小麦粉をこねる仕事でした。うどんの原料である小麦粉を手動のミキサーに入れ、塩水を入れてかき混ぜます。ミキサーは工場の2階の端にあり、そこまで25キログラム入りの小麦粉の袋をコンベアで運び、塩水はバケツに溶かしてつくりました。

着任早々、服部から絞られたこともあり、気を引き締めて仕事にとりかかったものの、私はすぐに退屈になってしまいました。原料をミキサーに入れてスイッチを入れて、あとは15分間ひたすら待つ……。ただそのくり返しだったからです。

その15分が長くて長くてどうしようもありませんでした。工場の前には、ちょうど田植えを終えたばかりの田んぼがありましたが、水面から突き出た稲穂が伸びていくのが見えるような気がしたほどです。

いまも妻は、当時の私を「本当に不満タラタラだった」と振り返って笑います。しかし、その数カ月後には、まったく逆の体験をすることになりました。着任して半年ほど経った頃、私は服部から「長持ち麺」の包装機の入れ替えを命じられたのです。

当時の宮城の古川工場は敷地内に3棟の製造工程があり、「長持ち麺」の製造工程は2階建てになっており、2階が小麦粉を麺にするまでの工程です。私がやっていたように、ミキサーで小麦粉と塩水を混ぜてこね、その後、団子状の小麦粉を製麺機にかけて麺にします。それをシュートと呼ぶ金属製の筒で1階まで落下させ、そこで沸騰したお湯で茹でるのです。

茹で上がったあとに待っているのが一次包装、殺菌、そして再包装工程です。うどんを1食分ずつ、ポリエチレンの袋に包装し、それを耐熱性のプラスチックのコンテナに並べ蒸気で加熱殺菌します。殺菌後完全に冷却したあとは、即席ラーメンと同じくスープや具材を添付し外包装して、10個ずつダンボールに入れればできあがりです。

包装工程には2つのラインがありましたが、いずれも機械が古かったため、不良品が尽きませんでした。2つのラインのうち、一つをまったく新しい設備に入れ替えることが私の仕事でした。

機械が新しくなれば、生産の効率は上がり、不良品はなくなる。誰しもそう思うでしょう。しかし、それがうまくいきません。効率を上げるとか、不良品をなくすというレベルではなく、そもそも機械がうまく動かないのです。

父も叔父の服部も根っからの機械好きでした。毎年、東京ビッグサイトで開催される国際食品工業展に必ず顔を出し、めぼしい機械を見つけて来ます。この時も新しい機械は服部が購入したものでした。しかし、「新しい機械を用意した、さあ使え」と言われてもどうしようもありません。ただ動かしても包装などまったくできないのです。

私には、工業的な知識は何もありませんでした。しかし、幸い名古屋から包装機メーカーの技師が古川までやって来て、機械の設置と機械が動くまで面倒を見るといいます。最初は彼にピッタリとくっついて、レンチが欲しいといえば道具箱からレンチを出し、ドライバーが欲しいといえばドライバーを渡すというようなことから始めました。

不思議なことに、それをしばらく続けていると、機械がどういう仕組みで動いているのかが、徐々にわかってくるのです。そして機能を果たさない機械の何が問題で、何をどう改善すればよいのかも見当がついて来るのですが、それでも機械の調整には1カ月半ほどかかりました。うまくいかなかったことをあげれば切りがありません。ただ、あえて難しかった部分をあげれば、包装のために使うポリエチレンのシールでしょう。

ポリエチレンは、チューブ状になったものがひと巻き千メートルのロールで入ってきます。その一端を引き出して熱をかけてシールし、上から茹でたばかりのうどんを入れ、今度は上の部分をシールして密封します。チューブ状のポリエチレンの上下をシールして袋にするわけです。

しかし、このシールがうまくいきません。ただ、ポリエチレンを挟んで熱をかけてもくっつかないのです。

包装機メーカーの本社は名古屋にありました。どうやら包装機は東北の気候まで計算に入れてつくられていなかったようです。仕事にとりかかったのは9月でしたが、東北は急激に寒くなっていた時期でした。名古屋よりはるかに気温が低いことは明らかです。そこで、シール時の温度を高めに設定してみたところ、今度は熱過ぎるのか、ポリエチレンのチューブが焼き切れてしまいました。

何度やってもうまくいきません。それでも何度も試みているうちに、シールの状態は、温度ばかりでなく、ポリエチレンを挟み込む時の圧力やその時間など、いくつかの要因で変化することがわかってきました。そのすべての要素を少しずつ変えながら、最適なポイントを探していきました。

問題は、シール機単独でうまくいっても、実際にラインを動かし始めるとまた失敗してしまうことでした。実際にラインを動かしながら調整しなければ、最適なポイントが見つけられないのです。中に入れるうどんの温度や重さも、シールに微妙に影響を与えていたのかもしれません。

実験もできず、いきなり本番に挑むようなものでした。特別に数人の女性に工程に入ってもらい、不良品をはじいてもらうことにしました。シールし終わったばかりのうどんの入った製品を、一つひとつ両手で持ってぐっと力を入れてもらうのです。すると、ピュッと水が噴き出すものが見つかります。シールが完全ではなく剥がれしまうのです。そんな製品は、次々と横のコンテナに投げ込んでもらうのですが、ほとんどが使えず、あれよあれよという間に不良品がたまっていきました。

ここを調整しても、あそこをいじってもまったくダメ。来る日も来る日もそんな日が続きました。あまりにもうまくいかない時期が続いていたためでしょう。たまにうまくいった製品が出てくるとうれしくて、社長の服部に報告しました。

うまくいきそうです。いまはまだ不良品が出ていますが、こうしてきちんと検査もしてはじいています。お客さまには絶対に不良品は渡しません。そう胸を張って言うと、また「バカヤロー！」と怒鳴られました。

お前は捨てるためにつくっているのか。社長が指さす先には、見上げるほどに積まれた不良品の山がありました。

不良品は近くの養豚場で引き取ってもらっていましたが、失敗ばかりが続き、ある日は、養豚場からトラックを借りて荷台一杯積まねばならないほどでした。

社長は2つあるラインのうち、一つの入れ替えを私に命じ、残りの一つは従来のまま動かし続けていました。しっかりリスクヘッジは行っていたのですが、だからといって私がこれほど失敗を続けるとは思わなかったのでしょう。わずかな成果で満足している私に、再び活を入れたのです。

最終的にどのように調整したのか。じつはそのあたりはまったく記憶がありません。とにかく「これだ」という正解が一つあるわけではなく、何度も試みていくうちに何となくこのあたりがよいというカンが磨かれ、ある日、うまくいくようになった。こう表現するしかありません。

とにかく1カ月半かけてうまく稼働し始めた時は大喜びしました。そしていろいろな人に助けられたことを思い出しました。私自身、開き直りともいえる妙な度胸がついたことも大きな成果でした。

社長から相当絞られたものの、何しろまったく新しいことをするのです。失敗は仕方がありません。廃棄の山を出してしまいましたが、もし、それを出さないように恐る恐る進めていたならば、いつまで経っても新しい機械は正常に動かなかったでしょう。失敗を恐れず思い切ってぶつかったから、1カ月半で新しいラインを動かすことができたのです。

「やってみなければわからない」。この言葉は、以後、未知のことに挑む時の私の信条になりました。

真面目で忍耐強かった工場で働く人たち

無事に新しい包装機器の導入に成功すると、私は製造の全工程の責任者になりました。そこでも新たな壁にぶつかることになりました。

当時、「長持ち麺」は古川工場の主力商品でした。常温で100日保存できるという画期的な製品で、全国的に人気が出て本社からひっきりなしに生産の指示が入りました。

工場としては、昼も夜も関係なくつくり続けなければとても注文をこなすことができません。ところが、ラインで働く人たちは、就業時間が終わる午後5時になるとさっさと帰ってしまうのです。残業を頼んでも「できません」「帰ります」の一点張りでした。

なんて意識の低い人たちなんだと思いましたが、着任当初、新車を購入するといって社長の服部から張り倒されそうになったことを思い出して、考え直しました。

働く人たちにもそれぞれの事情があります。特にこの古川工場には、農家の主婦が数多く働いていました。いわゆる農家に嫁いだ「お嫁さん」が多く、家にはお姑さんが待ち構えています。

彼女たちのほとんどはフルタイムで、古川工場で朝から夕方までみっちりと働いたあと、家に帰ってすぐに夕食の支度をしなければなりませんでした。食事の用意をはじめ、掃除、洗濯、買い物など家事は一切手を抜けません。もちろん子育てもあります。つまり、彼女らは残業などできる環境ではなかったのです。

そんな事情がわかってくると、こちらも無理に残業を頼むわけにはいきません。いかに就業時間中に効率よく製品をつくるか、段取りを考えざるを得ませんでした。

朝、私は早めに出勤し、生産ラインの各機械のスイッチを入れ、各工程で必要な資材が揃っているかを確認しました。包装工程のシールで苦労したように、その日の気温や天候によって機械の調整をしなければならないものもあります。調整に時間がかかるのであれば、さらに早く出勤して準備しました。一切合切の準備を完璧に行い、女性たちが出勤すると、すぐに製造を始められるようにしたのです。

朝礼では、その日はどの製品をどれほどつくるのか、目標をわかりやすく説明しました。このようなことをくり返ししているうちに、思いがけないことが起こりました。

「どうしても足りない」「どうしたらよいだろう」。毎日仕事に追われ続け、私もつい本音を漏らしてしまうことがありました。いかにも困ったということが顔にも表れていたのでしょう。

すると彼女たちが「何とかしましょう」と言ってくれたのです。

「夕方に残るのは無理だけれども、朝早くなら来ることができます」「昼食は交代で食べることにして、お昼もラインを止めずに生産を続けましょう」など、こちらが考えもつかなかったアイデアを提案してくれたのです。

「意識が低い」などと考えていた自分が恥ずかしくなりました。みんな本当に真面目で、仕事に真剣に向き合う人たちばかりだったのです。

朝礼でその日の生産の目標を告げることはもちろん、昼の段階でどれほど進んだのか、遅れているならばどれほどつくればよいのか。それを率直に伝えれば、「それじゃあ、午後からはちょっとペースを上げましょう」とも言ってくれました。

「もっと働け」「もっとペースを上げろ」。やみくもにそんなことを言っても反発を買うだけでしょう。状況を数字のような目に見える形にして率直に投げかければ、働いている人自身がいろいろと考えてくれたのです。人に任せるとはこういうことなのかと実感しました。

振り返れば、新しい包装機の導入で七転八倒していた頃、ラインを流れる製品からシールの不良品を一つひとつ確認してくれた女性たちも、特に私が細かな指示を出したわけではないのに、的確に仕事を続けてくれました。

私と包装機メーカーの技師が必死の形相で調整している姿を見て、工場が直面している問題と、自分たちの役割を即座に理解してくれたのでしょう。そして地味で根気のいる仕事を、１日８時間、ラインが正常に動くまでのひと月半の間、不平一つ言わずに我慢強く続けてくれたのです。こちらはまともに動かない機械にイラつき、彼女たちのことなどまったく考えられませんでしたが、彼女たちは、私たちのことをしっかりと考えてくれていたのです。

製造ラインの責任者になって、現実に毎日の生産に向かっていると、機械も人も数字にしか見えなくなってしまいます。あの工程の効率が悪い、その工程の人数が多過ぎるから減らそう。そんなことばかり考えがちです。

本社からは毎日尻を叩かれ、まるで自分ひとりが大きな重荷を背負わされているような気にもなってしまいます。しかし、それは間違いです。

一人ひとりが血の通った人間です。こちらがひとりの人間として接して、弱みも悩みもさらけ出せば、むしろ手を差し伸べてくれます。自ら知恵を絞ってくれるのです。

人間としていかに一緒に働いている人たちと接していくべきか。深く考えざるを得ませんでした。

行事を担当してわかった地域とのつながりの大切さ

工場で働く人たちは本当に真面目な人たちです。彼女たち、彼らには家庭があり、生活があります。そのことを考えずに、仕事のみを切り離して考えることはできません。

私にとって新鮮な発見でしたが、社長の服部はとっくにそんなことはわかっていたのでしょう、早くから古川工場と地域で働く人たちとの接点をつくろうとしていました。

話は前後しますが、私は着任早々、右も左もわからないうちに社長から共済会の委員長をやれと命令されました。古川工場は本当に年中行事が多いところでした。共済会はそれを企画・計画し、実行するのが役割でした。

工場で働く人たちの給料から毎月数百円を天引きして積み立て、春は花見、夏は社員旅行や盆踊り大会、秋には運動会と、年中行事を行っていきます。給料から引かれた上に、毎日、顔を合わせている人たちと一緒に旅行だって？　いまの若い人たちなら、とても我慢できないと言うかもしれません。しかし、当時は事情が違っていました。

前にも触れた通り、働いている人の多くは農家の「お嫁さん」です。工場ではフルタイムで働きますが、私自身、非常に退屈に感じたように、ラインの仕事は単調なものがほとんどです。彼女たちはそれを忍耐強く続けてくれました。

家に帰ればお姑さんの監視のもとで家事や子育てに追われます。たいていのうちが農家なので、田植え、草取り、稲刈りなどなど、忙しい時期には当然のように駆り出されもします。彼女たちにとっては自分の時間などないに等しかったのです。

給料天引きというのも、強制されているように見えますが、彼女たちにとって都合がよかったはずです。必死で稼いだ給料ですが、当時はそっくり夫に渡すことが当たり前でした。時間と同様に彼女たちにとっては自由に使えるお金はなく、会社の共済会に天引きされていると言えば、自分の楽しみのためのお金を堂々と貯めることができたのです。

次の季節になれば、あんな行事がある――。工場の年中行事は彼女たちにとって、数少ない息抜きができる時間でした。生きがいの一つといってもよかったでしょう。

行事のなかでも、特に夏の盆踊り大会は盛大でした。大会が近づくと、その練習を兼ねて、工場の朝礼では体操の代わりにみんなで盆踊りを踊りました。工場の敷地内に工務部がやぐらを組み、大会当日は地域の人たちに開放しました。

焼きそばやアイスクリームを提供する屋台もつくり、無料で配りました。子ども連れでやってくる人は多く、とても喜ばれました。

共済会の仕組みは、いまは全国の関連工場へ広がっています。時代は変わり、「社員で行事なんて」という声がないわけではありません。しかし、実際に工場のある各地へ行けば、周りには田んぼが広がり、農家が点在しているところがほとんどです。地域の事情も工場で働く人たちの気持ちも、当時の古川工場と大きく変わらないと私は考えています。

多くの逸材を輩出した古川工場

工場で働く人たちは、本当に真面目で優秀な人たちでした。別にお世辞や持ち上げようというわけではありません。古川工場で働く人たちが優秀で真面目だということは、ずっとあとになってはっきりとした形になって現れるのです。

島田屋本店は、その後も全国で売上を伸ばしていきましたが、増え続ける需要に応えるため、各地の会社に協力工場として製品をつくってもらっていた時期があります。効率を考えて協力工場でつくってもらうのか、それとも自社工場でつくるべきか。工場の位置づけについてはいろいろと議論があったのですが、いまはシマダヤのブランドで提供するすべての製品は、自社工場、または、自社が責任を負える子会社で生産するという方針になりました。そこでかつての協力工場に資本を投入して100％子会社になってもらったのですが、現在、全国にある12の子会社の社長を務めているのは、シマダヤ東北株式会社の鎌田和夫社長を筆頭に、すべてかつて古川工場で働いていた人たちと、彼らに直接薫陶を受けた人たちです。古川工場は、それほど逸材の輩出に貢献したのです。

いまでこそ、こうして工場で働いていた人間が評価され、経営を任されるまでになりました。ところが、私が若い頃の会社は、残念ながらそういう風潮とはいえませんでした。

優秀な人間は営業に回せ。そこで少しでも売上に貢献しろ。営業に携わる人間が評価され、そこに人材が投入されました。経営に加わるものも、ほとんどすべてといっていいほど営業畑の出身の人間でした。

それに引き換え、工場の立場は低いものでした。「社員の頭数さえ揃えておけばそれでいい」。明らかにそういう考え方が社内にあったように思います。

振り返れば、島田屋が名古屋から東京に進出して営業所を各地に設置しながら急激に売上を伸ばしていた頃、生産（工場）と営業に仕事が分かれてしまったことが、問題の始まりだと私は考えています。

営業所は、うどんをつくる工場と支店を兼ねた拠点で、初期には、うどんを茹でることも、それを配達することも同じ人間が行っていました。社員は製造も営業も両方の苦労をよく理解することができたのです。しかし、多くの営業所ができ、お互いに競うようになると、つくる人間と売る人間は分かれ、それぞれの道を究め始めました。

製造がより大掛かりになって大規模な工場に集約されると、いっそう分業は進みました。営業は営業畑のみの道を歩み、製造は一生工場で仕事を続ける。それが我が社では当たり前になったのです。

たしかに、営業として輝かしい成績を上げる人間はいました。何億という取引をまとめた者もいます。そのたびに彼らは脚光を浴び、報酬を受け取り、地位を得ました。

しかし、人格的にその地位にふさわしかったというと、必ずしもそうでない人間は少なくありませんでした。お金にだらしのない人、女性にだらしのない人、こんな人が？　という人が、会社のなかで正々堂々と振る舞っていました。

父はよく人財を家の梁《はり》に例えました。田舎の農家へ行けば家のなかの大きな梁を見つけることができます。自然の樹をそのまま使ったものが多く、曲がりくねっているものも多くあります。人間も同じで、多少、曲がっていても使える人間が大事である。むしろ、梁の曲がり具合に合わせて家をつくればよい。人に合わせて会社も運営すべき。それが父の考えでした。

しかし、工場で七転八倒した経験を持つ私の認識はまったく違います。工場から運ばれてくる大量の製品を見て、まるでスイッチボタン一つで自動的にできあがるように思っている人がいますが、そんなことはありません。正常にモノが生産されるまでには、産みの苦しみともいえる厳しい過程があります。正常に動き始めたあとも、不良品を出せば、生産を担う人間は、営業から、本社から、取引先から批判を受けます。罵倒されることもあります。

正常に生産することが当たり前で、そうでなければ失敗と見なされるのです。

それでも工場の人間は決してめげずに原因を一つひとつ探り出し、不良品が出てくる余地をなくしていきます。大変な忍耐力を要する仕事ですが、それが評価されることはあまりありません。

「工場なんて」という風潮は、その後も続きました。私は古川工場に約2年半勤務したあと東京の本社工場へ異動になりましたが、そこでもそのような風潮のなかで戦わなければなりませんでした。

最新鋭につくり直した東京工場

1982年、私は東京都昭島市の東京工場の次長に就任しました。東京工場は1963年、日本初の完全包装麺の専用工場として稼働し始め、それから20年が経った当時は関東にあるほかの6つの工場を束ねる役割も担っていました。

東京工場で待っていたのが、スクラップ&ビルドの大仕事でした。建設から20年が経っていた東京工場は、建物も中の設備も老朽化が進んでいました。これらをすっかり新しくしようというのです。

着任した時、私はここで子ども時代を過ごしたことを思い出しました。一家で東京に引っ越してからは、渋谷の工場で生活したり、目黒の借家で暮らしたりしましたが、この昭島の工場の片隅でも、一家で生活していたことがあったのです。

古い工場は、見た目はまるで学校でした。それもそのはずです。廃校になった学校を取り壊し、その資材をそっくり昭島まで運んで組み立てたからです。1階が工場で2階が宿舎でしたが、2階の片側に一本の大きな廊下が通り、廊下に面して部屋が並ぶという、まさに教室が並ぶ学校の造りそのままでした。教室だった大きな部屋に、社員はみな雑魚寝同然の暮らしをしていました。

その木造の古い工場を取り壊し、最新鋭の工場につくり変えるのが私の役割でした。会長だった父の決断でした。

当時、私たちの生めん業界に即席ラーメンの大手企業が参入しようとしていました。その製造設備や規模と比べれば、島田屋本店も含めて生めん業界の状況はひと世代もふた世代も遅れていました。しかし、無名の企業にも力はある。それを参入してくる大手企業に見せつけてやりたい。会長はそう考えたのです。

会長の意気込みをそのまま反映して、新しい工場は最新鋭の設備を持つものになりました。小麦粉を練り、製麺機にかけて、茹でて包装して出荷する。その全工程をオートメーション化するのです。

コントロールルームをつくり、そこで集中的に作業の指示を出し、工場内の進捗状況を把握する。目標は、同じ人員で3倍の生産能力を持つことでした。まるで未来の工場のような構想を本気で実現しようとしました。

私は奮い立ちました。茹で麺の大量生産に始まり、ポリエチレンによる個別完全包装、もちろん多くの製品開発も含め、島田屋本店は業界内で常に先頭を走ってきました。そのなかでも、この工場の建設は、最も大胆で進んだ取り組みになるでしょう。参入してくる大企業を迎え撃つという意図は間違いなく果たされるはずです。

私は新しい工場の設計から関わりました。投資額は、当時としては破格の20億円です。思い出の詰まった古い工場を取り壊すのは残念でしたが、新しくできる工場への期待のほうがはるかに勝りました。

スクラップ&ビルドは、結局1年半をかけての大掛かりなものになりました。できあがった工場は、それはそれは壮観なものになりました。

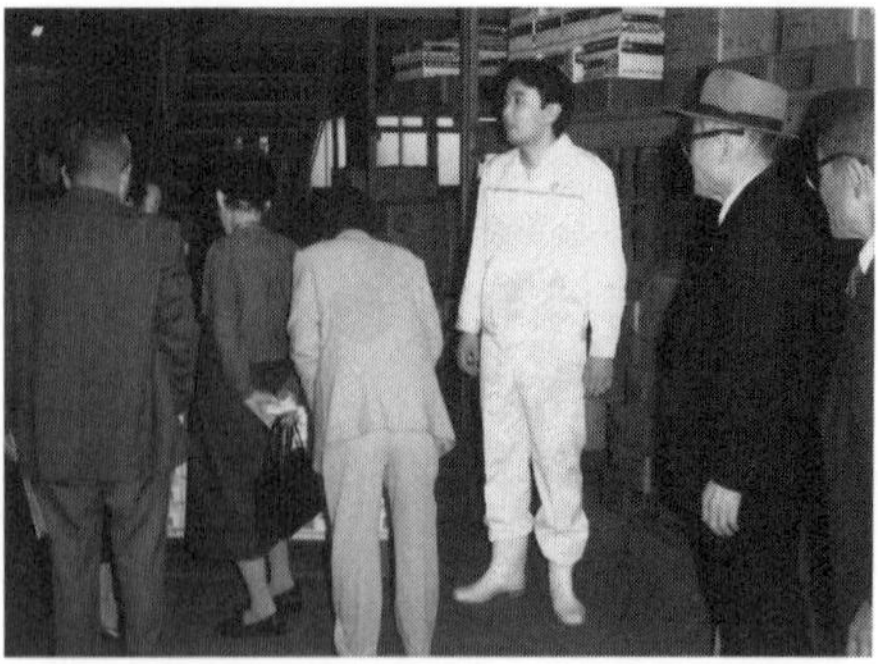
スクラップ&ビルドで最新鋭に生まれ変わった昭島市の東京工場を誇らしげに案内する私（白い制服）。会長だった父の清雄の姿もある（右の帽子の男性）

コントロールルームへ入ると、まずズラリと並んだいくつもモニターが目に入ります。その下にはたくさんのスイッチ類のついた制御盤があり、担当する社員は、その前に座って「はい、何号ライン、ただいまから流します」と、アナウンスしながら所定のスイッチを入れます。するとモニターには、機械が動き始めたり、蒸気がわっと立ちのぼったり、コンベアに次々とどんが流れてくる様子が映し出されます。何度も見慣れている私でさえ、毎回「わぁっ」と声をあげてしまうほどでした。大げさな表現ですが、当時、テレビで見た、アメリカのケネディ宇宙センターのように見えたものです。

私は大仕事を終えて満足感で一杯でしたが、本当の試練はそこから始まりました。

「生産能力3倍」を封じられたことでのしかかる重い負担

工場は確かに最新鋭で、会社のカルチャーを変えるものでもありました。たとえば私は新工場の作業着をレンタル製にしました。

それまで工場の作業着は、ひとり3枚ほど支給され、それを自分で洗濯していました。人によっては毎日着替えて洗濯も行っていましたが、なかには何日も着続ける人もいたはずです。自分新しい工場では長くとも3日で作業着を回収してクリーニングに出すことにしました。自分で洗濯する手間はなくなり、工場全体で清潔なイメージを保つことができます。

本社からは「なぜそんな無駄遣いを」と反対されましたが、私は、工場を最新鋭にしたように、社内の一つひとつの制度についても「近代化」すべきと信じていました。

工場内のほかの社員に後押しされたこともあり、本社に提案する時は「戦ってきます！」と威勢よく出かけたものです。最新鋭の工場をつくり、運営しているというプライドがそうさせたのです。

しかし、ほどなくその自信も薄らいでしまいます。計画通り従来の3倍の生産能力を持つ工場をつくったものの、その能力を生かし切れなかったのです。

新工場は、たしかに24時間の稼働が可能になりました。ラインにはほとんど人が要らなくなり、従来の人員を3つに分けて、8時間勤務で1日3回転させれば（3直）、生産能力を3倍にできました。

人を減らしては労働組合から抗議されます。「従来と同じ人員で」生産能力3倍という点が大事なところです。十分に検討した上で打ち出した方針でしたが、いざフタを開けてみると、組合からは「それでは残業がなくなる」という声が出始めました。これまでは残業代があったから生活ができた。1日3直になれば残業という概念そのものがなくなるではないかというのです。

当時、全国に10ほどあった協力工場からも不安の声があがり始めました。東京工場の生産量が3倍になるなら、自分たちの仕事が減るだろうというのです。もっともな心配でした。

残業代が減るのならば、基本給を上げればよい。あるいは交代手当などの新しい手当をつくればよいではないか。私はあらゆることを考え提案しました。ところが、本社からは、東京工場だけ特殊な給与体系では、ほかから不満が噴出して収拾がつかなくなるといわれ、却下されました。

結局、生産は1日1直と従来通りの稼働となり、残業代も支給することになりました。生産を3倍にするから大幅なコストダウンが可能になるはずでしたが、それができなくなると製造コストは従来と変わりません。それどころか、工場建設にかけた20億円という投資がコストに加わることになります。

負担をさらに重くしたのが、リースを利用したことでした。最新鋭の機器を揃えるためには20億円の投資でも十分ではなく、ほとんどの機器をリースにして入れたのです。なかにはライン全体がリースになっているところもありました。その毎月の支払いが、製造コストに上乗せされることになったのです。

新工場では、従来どころか、従来よりもむしろ高コストで製品をつくらざるを得ない状況に追い込まれました。悪いことは重なるもので、昭島市では、我々食品製造業の下水処理には特別な料金が加算されていました。それはうどんの原価の5％にものぼりました。

「生産能力3倍」を封じられたことで新工場には重い負担ばかりが残され、その結果、製品をつくるたびに赤字を出すことになってしまったのです。

「赤字垂れ流し」の烙印に憤りながらも、人の優しさが心の支えに

最新鋭の機械に囲まれ、ふんぞり返るほど胸を張っていた状態から一転して、まるで悪いことでもしたかのような状況へ追い込まれ、私は悲しいやら腹が立つやら、やるせない気持ちで一杯でした。

それでも毎日、生産の注文は入って来ます。少しでもコストを削れるところは削り、効率を高められそうなところを探しますが、何しろ最新鋭の機械が揃った工場です。簡単に改善点が見つかるはずもありません。

そしてそんなことがあったためでしょうか、工場の仕事を軽視する会社の風潮は、以前にも

増して強くなったように感じました。

当時、会社では独立採算制が進められていました。工場でも会計、経理の仕事は欠かせず、また、当然、総務の仕事もあります。オートメーション化したといっても人は必要です。採用後の教育も欠かせません。また、本社に対して営業のような仕事もありました。

何かあるたびに本社と情報を交換したり折衝したりするのですが、そのいたる場面で東京工場の「赤字垂れ流し」を指摘されました。何を提案しても、そんな工場に金や時間を使う余地はないと、言い捨てられたのです。

「もうやってられない」。何度もそう思いましたが、そんな時に声をかけてくれたのが私の直接の上司、工場長の蓑輪治三さんでした。大手食品メーカーで工場長を務めた経験豊富な人で、父がヘッドハンティングしてきた人です。

「大変だけど、やるべきことをやらなきゃね」。戦争中は少尉を務めたという工場長は、30そこその私が子どものように思えたのかもしれません。不満顔を隠さず、いつもイライラしていた若造の相手をよくしてくれたものだと思います。

工場の総務を担当していた部長の廣重隆春さんも、大手メーカーから転職してきた人でしたが、その人も何かにつけて私に声をかけてくれました。「そうは言ってもね」「腹立てちゃダメ

東京工場に勤務時代、年に一度の社員旅行で鬼怒川温泉に行ったときの記念撮影写真。工場ばかりでなく、研究所や配送センターなど、会社を基礎から支えていた人たちの顔ぶれが揃っている

だよ」。工場の現場も人事も経験のある人で、かつて働いていた職場で私と同じような経験をしたのかもしれません。一緒に頑張ろうよと、よく声をかけてくれました。

一番とばっちりを食ったのは私の妻だったかもしれません。私は家に帰っても愚痴や泣き言が止まりませんでした。妻にはよく「あなた、そんなことばっかり言っているけど、みなさんに助けられているんでしょう」とたしなめられました。

本当にこの時ほど、人から支えてもらった日々はなかったように思います。そしていまから考えれば、私のほうこそ彼らの気持ちを考えるべきでした。

工場長や総務部長のように、外から来た人の社内での風当たりは強かったはずです。「麺のことなど知らないのに」、「外から来て何がわかる」。彼らのほうこそ偏見で心を痛めながらもじっと耐え、粛々と仕事を続けていたのです。決してほめられもせず、むしろそしられることが多いなかで、毎日、間違いなく製品をつくり続けられるよう、工場の体制と雰囲気をつくってくれていたのです。

彼らがいかに支えてくれたか、会社に貢献してくれていたか――それを一番知っていたのが私でした。私のほうこそ、彼らに気を遣い、声をかけ、一緒に酒を飲み、愚痴を聞き、スポーツでもして汗を流す。そうすべきでした。

しかし、当時の私にはそんな余裕はなく、自分ひとりで世界の不条理と戦っているつもりでした。そのことに気づくのは、それからずっとあとになってからのことでした。

第4章

会社に大きな財産を残した味の素株式会社との提携

会社の仕組みも社風も大きく変えた味の素との提携

1985年、大事件が発生しました。当時社長だった長兄の順が、味の素との提携を決意したのです。味の素が島田屋本店の株の一部を保有し、副社長ら経営幹部もやってくることになりました。

当時の経営に不安があったわけではありません。それでも社長が味の素との提携に踏み切ったのには理由がありました。商品開発と営業を強化したいということです。

どこよりもおいしい麺を提供できていると自負していた当社でしたが、お湯を注げばすぐに食べられる即席麺の人気がどんどん高まっていました。即席麺の大手、日清食品をはじめ、それを追いかけていた東洋水産などの大メーカーは、卸の販売ルートを上手に使いながら、当時、急激な勢いで大きくなっていた食品スーパーはじめ、大手チェーンへしっかりと食い込み、自分たちの売上もまた急成長させていました。

それに対して当社が販売のために用いていたのが、創業以来のルートセールスでした。できたての麺を運ぶためにつくられたルートセールスの拠点である営業所を数多く配置することで、島田屋本店は独自の流通網を各地に張り巡らせていきました。配達される側である店にとっても、店にいながら注文ができ、非常に便利な仕組みだったのです。また、それは当社にとっても卸を通さずに直接、取引先に製品を販売できるので、利益を確保する上でも有意義なものでした。

独特の強力な武器だったルートセールスですが、何十年もの時を経るうちに、そのシステムも徐々に変化していき、本来のものとはかなり違うものになっていました。当初は茹でたてのうどんを運んでいたのですが、取引先である店からの要望に応えているうちに、食材や調味料を扱うようになり、さらにおつまみ、デザートの類まで配達する商品の幅は広がっていきました。気がつけば、自転車までトラックに積んで走っていたのです。何らかの見直しが迫られていました。

一方、世の中では流通の大きな変化も進んでいました。食品流通の中心的存在になっていた食品スーパーをはじめ大手チェーンストアは、独自に配送センターをつくり、メーカーに対して、そこへ商品を納入するように求めてきました。

世の中の大きな変化についていかなければならない——そのためには、社内の考え方を大きく変えなければならない——。そのことにいち早く気づいていたのが社長でした。しかし、自前でそれを成し遂げることは難しく、そこで思い切って味の素との提携に踏み切ったというわけです。

考えに考えた末の決断であり、事実、後にその判断は正しかったことが明らかになりました。ただ、当時の社員たちは動揺を隠せませんでした。何しろ名のある企業が資本参加してくるのです。ただの提携では済まず、そのうちすっかり飲み込まれ、完全に子会社化されてしまうのではないか――。そう恐れた社員は多かったはずです。

私も動揺しなかったといえばウソになります。しかし、当時、私はまだ30歳そこそこです。味の素との提携によって会社がどのように変わるのか。何か新しいことが始まるのだろうか。不安と同時に期待感も膨らんでいました。宮城の古川工場や東京工場で、我慢強く働き続ける人たちを見てきた私としては、製造の現場に光を当てるチャンスになるのではとも思えました。

どのような事態になろうとも、正面から受け止めてやるという覚悟で臨んだのですが、事実、その後、私は次々と未知のことに挑むことになりました。

麺に生きる原点を思い出させてくれた「本業専心」の方針

提携からまだ間もない頃、社員一同、いったい会社はどうなるのか、固唾をのんで見守っていたわけですが、味の素が打ち出した方針は意外、ある意味で期待以上といえるものでした。

「本業専心」です。

ルートセールスで販売していた商品を大幅に絞り込み、本来の麺類の販売のみにするというのです。

驚きました。というのは、まだ提携が明らかになっていなかった頃、私は本社の総務部で課長を務めていたのですが、ある日、総務部長から、味の素から担当者が来るので対応しろと命じられたことがあったからです。

味の素の担当者の質問は多岐に及び、なかでも詳細に聞かれたのがルートセールスでした。営業所の数をはじめ、そこで働く人員や所有している一般のトラックや保冷車の数、もちろん取引先の実態にいたる、ありとあらゆることを質問され、私はできるだけ詳細に答えました。

しかし、答えれば答えるほど、また次々と質問が出てくる有様で、味の素はよほどルートセールスに関心を持っていると感じました。

じつは、提携前から、味の素は島田屋本店のルートセールスを通して、ダノンのヨーグルトなど一部のチルド製品を販売していました。しかし、味の素の製品は、調味料をはじめ、冷凍食品、餃子やシュウマイ、ヨーグルトなどのチルド製品など数多くあります。味の素はそれらを一気にルートセールスに乗せたいのだな。当時、対応した私にはそう思えました。

後日、提携が明らかになると、それは確信に変わりました。これからはルートセールスを通じてどんどん味の素の製品を売ることになるだろう。そう信じていたのですが、味の素から副社長としてやってきた横江有道さんが打ち出したのは、まったく逆の方針だったのです。新しい製品をルートに乗せるどころか、すでに運んでいる商品もぐっと絞り込み、本来の麺のみにするというのです。

便利なあまり自転車まで運んでしまうような、原点を忘れたあり方を、根底から見直そうということでした。

私も含め多くの社員が味の素に翻弄されることを覚悟していましたが、意外な方針の提示に戸惑いながらも納得しました。しかし、いざ「本業専心」に徹しようとすると、その難しさを味わうことになりました。

これまでのルートセールスでは、あまりにも数多くの商品を扱ってきたため、それを取りやめてしまうことに、取引先が相当な抵抗を見せたのです。商品を受け取る店にとっては、何でも運んでくれる便利この上ない仕組みだったのです。

しかし、怒鳴られながらも取引先に方針の転換を告げ、本来あるべきルートセールスを始めると、〝当社は麺の会社である〟という認識が改めて広まっていったと思います。取引先などへはもちろんですが、むしろ内部へ、つまり社員が自社のことを考え始めたように思います。社員にとって、自分たちは社会に対して何を提供しているのか、何のために働いているのか。考え直すきっかけになったのです。

慣れない営業に苦悩するも工場見学を採り入れて打開

横江副社長はルートセールスを麺だけに絞るやり方に一新する一方、大手流通チェーンを対象にした営業体制も固めていきました。

味の素との提携後、私は次長待遇という肩書を得て、大手流通チェーンの営業を担当する量販部に配属されました。といっても、私はそれまでずっと製造畑でやってきた人間です。営業はルートセールス以外に経験のない私にいきなりやれと言われても、何をやっていいのか皆目見当もつきません。右も左もわからない状態で取引先に挨拶に行くのですが、相手はまず私の名刺の「次長待遇」という肩書を見て怪訝な表情をします。どういう意味ですか？　と聞かれるのですが、当の私にも答えられません。それで初対面から気まずい雰囲気が流れる有様でした。

そのうち牧は使えないという噂が立ったようです。何とか仲良くなれた取引先のバイヤーが、競争相手のメーカー担当者が「牧は何も知らない」と言い触らしていると私に教えてくれました。

このやろう！と思いましたが、私が営業として力不足なのは事実です。まったく成績を上げられない様子に、心配した横江副社長自らが私に付き添ってくれたことがありました。たまには君と一緒にお得意さんを回ろうと、取引先の訪問について来てくれたのですが、そこでも私は失敗してしまいました。横江副社長から、「ところで牧くん、これから行くストアの月商はいくらなんだ？」と聞かれ、「はあ、知りません」と答えてしまったのです。「牧くん、それは一番の基本だろう！」と、その場で雷を落とされました。

数値的なことはどうしても苦手で、その後も成績を上げられない日々は続きました。それでも何とかしたい、しなければという気持ちは強く、自分なりに懸命に考えたところ、ある日、妙案が浮かびました。こうなったら自分の得意分野に持ち込むしかない――工場での経験を活かしたらどうだろうかと――。そこで、得意先のバイヤーたちを工場見学に誘うことにしたのです。幸い島田屋本店には、業界最新鋭の東京工場がありました。

苦し紛れともいえるアイデアでしたが、予想以上に好評を博しました。

東京工場は最新鋭の設備が揃っており、それらをラクに見学できるコースも設けられていました。なにしろ設計段階から、私が関わってつくったのです。建物の間取りはもちろん、導入した機械や設備、その配置、また、それらをどう動かすのかも理解していました。

「見せる工場」を意識してつくったことも幸いしました。通常の工場ならば見学でも作業着を着たり、入念に手足を消毒したりして中に入らなければなりませんが、東京工場では、スーツ姿のままガラス越しに中の様子を見ることができました。

取引先のところへ車で向かってバイヤーを拾い、そのまま東京工場にまで連れて行きます。工場長をはじめ、製造の責任者に案内してもらうのですが、見学が始まると、私はついつい口を出してしまいました。なにしろあれもこれも私が導入したものばかりなのですから。

見学コースの途中、人が通るとセンサーが働き、自動的に説明の音声が流れる仕掛けもあったのですが、それも私がつくったものでした。音声案内が始まり見学者がはっと聞き耳を立てようものなら、うれしくなって私はここでもあれもこれもと余計な説明をしてしまいました。テープの声が流れているのに、それにかぶせて私が説明するのですから、聞いているほうはうるさくてしょうがなかったと思います。

あとになって、ああ、調子に乗り過ぎた、案内役だった工場長や製造の担当者を差し置いた形になってしまい、これはまずかったと深く反省するのですが、次の見学になると、気がつけばまた自分ひとりでしゃべっていました。

見学者にも、工場長や製造の担当者にも、さぞかし呆れられたと思う一方で、意外にもこの工場見学の評判は上々で、たしかに牧は営業の経験はまだまだだが、製造には詳しいと、バイヤーたちは認めてくれるようになりました。

工場見学は、バイヤーにとっても日頃は目にすることのない製造の現場を知る数少ないチャンスです。会社には、最新鋭の設備の勉強をしに行くと出かけつつ、見学後は試食としてできたてのうどんも食べることができますし、その後も私が「一杯やっていきましょう」と接待もします。製造についての知見が得られ、ついでに腹もたっぷり満たされる、という仕掛けです。

工場にとっても見学者が訪れることはよい刺激になりました。人の目がありますから工程で不備がないよう配慮することはもちろん、製造とは無関係なところであっても、掃除が行き届くようになります。何度か工場見学を続けているうちに、工場の社員がお客さまとすれ違う時に「いらっしゃいませ」と口にするようになりました。工場長が指導したのでしょう。

私は、見学に来てくれたバイヤーには「来ていただいてありがとうございました。工場長が喜んでいました」と告げ、工場長や製造の担当者には「バイヤーが、きれいな工場で社員教育も行き届いていたとほめていました」と報告しました。調子よく振る舞っていたのですが、どちらも悪い気はしないはずです。

こうして工場見学を通じて何とか私なりの営業スタイルをつくることができ、成績も徐々に上がっていきました。実際、見学に誘うと最新鋭の設備に驚いてくれるバイヤーは多く、安心して注文してもらえるようになったのだと思います。

何よりうれしかったのは、工場見学が、その後、営業目的ばかりでなく、地域の人たちや子どもたちの社会見学のコースとして広がっていったことです。製造の現場の苦労や大切さを少しでも多くの人に知って欲しい――。そんな私の願いは、意外な形で現実になっていったわけです。

麺づくりのプライドをかけて挑んだ「流水麺」の開発

新しい流通の主役である大手流通チェーンに対する営業体制はこうしてできあがっていったのですが、味の素との提携により、もう一つ大きく前進した分野があります。商品開発です。

これは味の素から迎えられ、その後、社長に就いた近藤郁雄さんの影響が大きかったように思います。商品開発に味の素の力を借りようという社長の意を受け、近藤さんは、取締役商品企画本部長就任当初から、広告代理店に依頼して大規模な市場調査を行いました。すると、意外な事実が浮かび上がりました。

当時の主力商品はチルドタイプの〝茹で麺〟でした。文字通り、工場で茹でた麺を、食べる前に今一度家庭で茹でて食べる商品ですが、実際に調べてみると、茹でずにお湯にさらすだけで食べていたり、水で洗うだけで食べていたり、あるいはそのまま食べている人がいたのです。決して少数ではなく、かなりの割合を占めていたと記憶しています。

この商品は、きちんと茹でて初めて満足のいく味やコシ、のど越しが得られます。品質についてはどこのメーカーにも負けない自信を持っていた一方で、消費者のなかには、そんなことなど知るかとばかりに、手抜きとしか思えない食べ方をする人がいたのです。夏の暑い日には台所に立って火を使う料理をしたくない、味は落ちても簡単につくれるほうがいい、そんな本音が見えてきました。

長年、うどんをつくってきた我々にとっては呆気にとられる結果で、非常識この上ない食べ方は、絶対に許せなかったのですが、味の素から来た近藤企画本部長はこともなげにこう言いました。「だったら茹でずに食べられるうどんをつくればいいじゃないか」。ただでさえ消費者の行動に呆れていた我々は、企画本部長の言葉にまたまた呆気にとられました。

長年、商品開発を担ってきた研究陣にとってはなおさら我慢ならなかったと思います。「そんなこと月に行くより無理」。古くから研究所で働いていた専務の中沢進さんはこう言いました。その言葉はいまでも伝説として語り継がれています。中沢さんが「無理」と言ったのは、できないという意味ではありません。うどんをつくってきた自分たちにとって、とても考えられない、プライドが許さないという意味です。

しかし、そう口にした中沢さん自身、それじゃあつくってやろうじゃないかと決意しました。うどんの常識を無視するような近藤企画本部長の言葉に、挑戦意欲を掻き立てられたのです。

こうして1988年、島田屋本店が打ち出したのが、「流水麺」でした。茹でることなく水を通すだけで手軽に食べられるゆで麺です。

研究陣は、専用の真空ミキサーを開発して麺の熟成を高め、水ですすぐだけでコシがあり、さらりとしたのど越しの、すぐに食べられるうどんを開発したのです。

うどんのプロである我々からすれば非常識この上ない商品であっても、世間はたしかに「流水麺」を求めていました。

私自身、営業に回ると、大手チェーンからは当初まったく相手にされないのに、食品スーパーのバイヤーにとても喜ばれたことを覚えています。

スーパーの日配品《にっぱいひん》売場の中でも、ゆで・生麺を置いた売場にはたしかに春、秋、冬にお客さんはやって来ます。しかし、夏にはあまり寄り付かないというのです。夏向けの麺としては、そうめんや冷やし中華などがありましたが、細麺では消費者は物足りなく思っていたようです。かといって、夏の暑い最中に台所でわざわざお湯を沸かして乾麺を茹でるようなことはしたくありません。

「流水麺」なら水を通すだけで食べられます。「牧さん、これを持ってきてくれて本当によかったよ」。バイヤーにほめられただけでなく、事実、「流水麺」は会社を代表するヒット商品になっていき、汗だくになって料理するという夏場の台所のイメージを覆しました。ロングセラーとなり、開発から30年が経つ現在も、消費者のみなさんに深く愛される商品であり続けています。

徹底して顧客の視点に立ち、プロの常識をも覆してしまう後の近藤社長の発想と、その発想に対して果敢に挑戦した研究陣の意地が生んだ商品といえるでしょう。

「流水麺」については後日談があります。開発したての頃は、たしかに物珍しさもあって、ずいぶんバイヤーから高い評価を得たのですが、かなり普及してくると、あれほど喜んでいたバイヤーからもぽつりぽつりと不満の声が出始めました。

「目をつぶって食べれば、冷や麦を食べようが、茶そばを食べようが、ゆで中華麺を食べようが区別がつかない。言っちゃ悪いがどれも同じ」。そんなことを言い出したのです。

私がそのことを研究陣に伝えると、彼らの闘志にまた火がつきました。もっとおいしいものをつくってやる、もっとのど越しがよいものをつくってやる。研究開発は継続され、毎年のように改良品や新製品が出されました。30年経ったいまも支持されているのは、こうしたたゆまない努力があったからです。

まったく素人の発想で、研究陣に開発を求めたように見えた近藤社長でしたが、じつは高い技術があればこそ、「流水麺」の開発が可能になったということをちゃんと認めてもいました。

その後、競合他社が同じような麺を開発して後追いしてきたのですが、経営陣は「出鼻をくじけ」とばかり、類似商品に対して島田屋本店の知的財産を侵害していると、各社に内容証明付きの警告状を送り続けました。

経営陣のこのような姿を見て、社員たちは、自分たちが送り出している製品は、どこにもない高い技術によって成り立っているということに改めて気づきました。島田屋本店の麺にはたしかな価値がある。そのことを改めて知ったといってもよいでしょう。このことが可能になったのも、新たな経営陣が新鮮な目で当社の価値を見たからだと思っています。

こうして社員にしてみれば恐る恐る始まった味の素との提携は、当社にとって、量販店への営業体制、商品開発、組織改革、社員教育など、じつに多くのものをもたらしてくれました。そしてその結果、得られた最も大きな財産は人材でしょう。古くから島田屋本店で働いていた社員であっても、味の素の薫陶を受け大きく成長した人は数多くいました。現在のシマダヤの代表取締役社長、木下紀夫さんはその筆頭です。

味の素との提携は30年以上続き、２００７年に解消されました。味の素もまた「本業専心」として、調味料や冷凍食品の原点に還る方針を選んだのです。

営業では怒鳴られ罵倒され、ついに「進むか辞めるか」の崖っぷちに

話は再び1980年代後半に戻ります。量販部の営業では、工場見学によって何とか自分なりのスタイルを見つけることができた私でしたが、それでも営業への苦手意識が大きく変わることなく、その後もずいぶん苦しみました。量販部で3年過ごしたあと、大宮営業所の所長になったものの、そこでもなかなか成績を上げられませんでした。

毎月、営業会議のために本社に集まり結果報告を行うのですが、それが苦痛で苦痛でたまりませんでした。会議では目標を達成した所長は称賛され、逆に目標に届かなかった所長は徹底して追及されました。

扱いの差は会議が始まる前から歴然としていました。目標を達成した所長は、幹部たちが集まる立派なテーブルにつき、背もたれのある革張りの椅子に座ることができます。一方、目標に達しなかった営業所の所長は後ろに回され、テーブルもなく硬いパイプ椅子に座らされました。

会議が始まれば、成績不振の所長には厳しい追及の手が伸びます。特に、味の素から来た専

務には、私は毎回のように怒鳴られ、ボロクソに罵倒されました。もちろんボーナスにも大きな差をつけられました。天国と地獄の差といってもよいでしょう。

私はその後も多摩支店の所長を務めましたが、そこでも成績は同じようなもので、いつも肩身の狭い思いで会議に出席していました。しかし、いくら大声で怒鳴られようと、なじられようと、どうすることもできません。

辛い経験でしたが、それでも創業者の身内だからといって手加減されるようなことがなかったことは救いでした。それまでも身内をひいきするようなことはなかったはずですが、どうしても周りの人間が特別な目で見ます。創業者の身内だろうが誰だろうが、成績次第で称賛されたり、罵倒されたりされる社風を、私はありがたく感じました。社内に真の実力主義を浸透させることは社長の願いであり、これもまた味の素との業務提携によって実現したといってもよいでしょう。

1992年、私は配送センターへ異動になり、そこで1年務めたあと、翌1993年に東京工場長に就任しました。古巣の製造の現場に戻ってほっとしましたが、そこで3年過ごすと、今度は1997年に広域営業部長に就任しました。再び営業の仕事に就いたのです。しかも全国の営業を統括する立場です。

今度こそはと意気込んで取り組みましたが、やはりここでも畑違いを感じずにはいられませんでした。成績が一向に上がらず、目標の7割を達成することがやっとでした。

なぜ営業が不得意な私にわざわざこんな仕事を、と思いながら続けていると、ついに運命の日がやってきました。広域営業部長になって1年ほど経った頃、社長に呼び出されたのです。「お前に新しい仕事をさせる。岐阜へ行け」と社長は言いました。そして続けて「岐阜へ行くか、いやならシマダヤを辞めるか、だ」と言い放ったのです。

二つに一つだと迫られれば、もちろん行くしかありません。しかし、こう言われた以上、岐阜へ行って成績を上げられなければ、あとは辞めるしかありません。岐阜の仕事は、私にとって最後のチャンスでした。

簡単な仕事ではありませんでした。岐阜の工場はそれまで当社（社名はこの年、シマダヤに変更）の協力工場として製品をつくってもらっていたのですが、そこを100％子会社にするというものでした。その初代社長を務めろというのです。

食品を製造している以上、安全が第一です。製品に万が一のことがあってはいけません。また、働く環境も整備しなければいけません。子会社化は製造の現場に十分に配慮が行き届くようにとの方針によるものでした。

その一つの会社の社長を務めろというのです。単に受注した製品を間違いなくつくる工場としての役割だけでなく、会社として経営を成り立たせなければなりません。製造の現場は、自分の仕事だと自負していた私でしたが、会社の経営にも責任を持てと言われ、慌てました。しかも、このチャンスを逃せば、あとがありません。

「これまでの会社生活のなかで、あなたにとって最も困難な時──修羅場はいつでしたか?」。これは現在のシマダヤが、経営幹部に人を登用する際に必ずする質問です。私は実際に質問されたことはないのですが、もし、質問されれば、ためらわずにこの時のことを話すでしょう。

崖っぷちでした。ちょうど娘3人が同時に受験を控えていました。中学受験と大学受験が重なったのです。家族で引っ越すわけにはいかず、単身赴任をすることにしました。それまでも異動はしょっちゅうあり、家族ともども私が単身赴任する可能性はわかっていたはずですが、私の悲壮感が伝わったのでしょうか。妻にも娘たちにもずいぶん泣かれました。

すぐに戻ると慰めましたが、私自身、初めての土地で仕事をやり遂げることができるのか。じつは内心、不安で一杯でした。生きるか死ぬかの覚悟で岐阜へ向かいました。

当時、生産本部長だった木下紀夫さん(現シマダヤ社長)と経理部長を務めていた新井満さん(現監査役)のふたりが、私のために送別会を開いてくれました。ふたりとも役員候補で相当忙しい身だったにもかかわらず、わざわざ時間をつくってくれたのです。

噂を耳にしたのか、私の思い詰めた表情から何かを察したのか。これで牧とは本当にお別れだと、おふたりは思ったのかもしれません。その時、3人でどんな話をしたのか、いまではその内容までは覚えていませんが、私にとっては忘れられない送別会になりました。

必死の思いで
中部シマダヤの黒字化を達成

シマダヤの社長からは「思う存分やれ」と送り出されましたが、現実に岐阜の新しい子会社の社長に就くと、独立した会社だからと自由に振る舞えるというわけではなく、何かと親会社の手枷足枷を感じずにはいられませんでした。

まず、親会社の研究開発部と品質保証部の話が合いません。

岐阜の工場では、それまで大手に対抗して生タイプのカップうどんを製造していましたが、子会社になってからは冷凍麺の製造に切り替える計画でした。当然、新しい製造機器や冷凍設備が必要になり、その導入から始める必要がありました。ところが、その配置一つをとっても、研究開発部門は従来の製造方法でと主張し、品質保証部は当時、会社全体で取り組んでいたHACCPに沿ってと言い、二つの部署の主張は噛み合いません。

どちらの部署も同じ建物の、しかも、隣り合ったところにあるのですから、ちょっと話し合ってくれれば済むことなのに、そうはならずにいつも私を挟んで延々と議論が続きました。

それでもなんとか調整して製造のメドをつけると、今度は製造の採算性が問題になりました。どうしても黒字になりません。機械や設備は導入時に可能な限りコストダウンを図っていますから、あとは人件費です。

会社が新しくなったということで給料体系をすっかり変え、時間給で働いていただいていた準社員さんも8時間の雇用から最大5時間のパートタイマーとしました。いまから考えれば相当、無理なお願いでしたが、みなさんは私の提示する条件を受け入れてくれました。

みなさんの協力を得てこれだけ切り詰められたのですが、私なりに製造の現場は尊重したつもりです。

宮城の古川工場での経験を思い出してつくったのが共済会でした。ここ岐阜でも社員のための年中行事を企画し、あらかじめみなさんの給料から天引きして積み立て、日帰りの社員旅行などを行いました。みんなで行きたいところを決め、行き帰りの観光バスではカラオケに興じました。

岐阜の工場の周辺もやはり畑や田んぼで、工場へ働きに来ていた女性たちはいわゆる農家の「お嫁さん」たちでした。家庭では夫やお姑さんの目を気にしながら、時間もお小遣いも自由にはなりません。会社の行事は、彼女たちにとっては不自由な立場から解放される数少ない機会だったと思います。

また、日常の仕事では、私は時間があれば製造現場へ出向き、つくっている人に語りかけました。正社員であろうと、パートさんであろうと、派遣社員であろうと、アルバイトであろうと、同じ気持ちで挑んでこそ、高い品質の製品をつくり続けることができます。宮城の古川工場で社長の服部叔父から薫陶を受けて以来、社内で生産部門を認められる存在にしたいという、長年にわたって持ち続けていた私なりの気持ちを、ここで精一杯形にしたつもりです。

子会社になる前、社長を務めていた浜地誠さんには、会社に残っていただき常務としてその経験を存分に発揮していただきました。社長である私は製造現場をはじめ社内のどこへ行っても「おつかれさま」「ごくろうさま」とニコニコしていればよかったのですが、現実に問題が起きれば、常務が飛んでいってすぐに対策を打ちました。

私自身、「あそこが問題」「これも直さなければ」と、思いつくたびに指摘すると、やはり常務がその一つひとつを受け止め、的確に対処しました。私が親会社とのやりとりにイライラしている時も、なだめながら的確な答えを用意してくれました。

その後も会社の将来のために、地元の高校を中心に採用していく方針を打ち出しましたが、実際に各高校を回ってくれたのは常務です。当時、新卒で入社した高校卒の社員は、現在、会社の中枢として活躍しています。

決して余裕のある出発ではなかったものの、働いている人たちの協力により、ギリギリのところで生産体制ができたことで、会社はどうにか黒字で運営できるようになりました。

私はこの会社を中部シマダヤと名付けました。岐阜シマダヤでもなく、東海シマダヤでもありません。日本の中心の会社として、大きく発展していこうという決意を表したつもりです。

第5章

続いてゆくそばづくりの夢

3度目の東京工場で取り組んだ大掛かりな設備投資と社員教育

悲壮な決意で向かった岐阜でしたが、私はなんとか子会社を黒字にすることができて自信を取り戻し、着任してから2年目の2000年には、中部シマダヤの社長を務めつつ、親会社のシマダヤの取締役にも就任しました。ほかの人たちにも認めてもらえたのです。ひと月に一度の役員会のために東京へ戻る機会も増え、家族と過ごす時間ももてるようになりました。

翌2001年には、取締役工場長として東京工場へ異動になりました。初めに次長としてスクラップ&ビルドに取り組んで以来、3度目の着任です。

東京工場は相変わらず赤字に苦しんでいましたが、中部シマダヤを軌道に乗せたことで自信を得た私は、大幅な設備投資を行いました。

私がスクラップ&ビルドにより、当時の最新鋭の設備を入れたのは1983年のことです。それから18年経ち、かつて業界で最先端だった設備も老朽化が進んでいました。建物自体も古くなり、そのためでしょうか。働く人たちの気持ちも、暗く沈んでいるように思えました。

生産本部長には呆れられながらも、私は機械設備の保全・改修のために山ほど稟議書を書きました。ここでも何とか生産の現場に光を当てたいと考えたのです。

工場での教育に力を入れ始めたのもこの時期です。社員教育では先を行っていた宮城の古川工場のつてを頼り、小集団活動の指導をしてくださっているコンサルタントの西脇輝彦先生に来ていただくことにしました。製造の現場で社員自らが改善に取り組むのです。講義を聞いたり、実際にグループをつくって活動を始めたり、実践と理論を交互に進めていく方法は非常に効果を上げました。

西脇先生は何かにつけて社員をほめ称えました。ちょっとしたことで人をほめちぎる様子に、私は自分では恥ずかしくてとてもできないと思いましたが、西脇先生から次のように言われ、その大切さが改めて理解できました。

「工場で働く人は、働く時間の大部分を機械を相手に過ごしているため、ほめられることはおろか、人と話すらしないことは多い。ほんのちょっとしたことをほめて認めてあげれば、人は驚くほどやる気を出す」。そのような趣旨でした。

実際、小集団活動で社員たちは目を見張るほどの成長を見せました。年に一度、この活動の成果を披露するため工場全体で発表会をするのですが、その席へ牧順社長を招いたことがあります。まだ、入社間もない女子社員が、演壇で正々堂々と発表する姿を見て、社長は思わず涙をこぼしました。

振り返れば「社員の成長を喜ぶ」ことは、先代の創業社長からの会社の伝統だったように思います。それを兄である社長も私も、何とか受け継ぐことができたのです。気がつけば私も泣いていました。

設備が一新し、人がやる気を出し始めたことで、沈みがちだった東京工場にも活気が戻ってきました。相変わらず製造を黒字にすることは難しかったのですが、いったん勢いがつけば、ちょっとやそっとのことでは落ち込むことはなくなり、むしろあらゆることに挑戦する意欲がわいてきました。

隅々にまで意志を行き渡らせたISO認証

私が東京工場の工場長になった2001年、全社的に取り組むことになったのが環境ISOでした。それには前段があります。

当時、シマダヤの工場で進められていたのがHACCPの導入でした。HACCPとは、食品工場のなかでも特に不良や危害が発生しやすいところをあらかじめ分析・予測しながら、工場全体を管理していこうという手法です。１９９０年代、国際基準として定められ、日本でも普及し始めていました。

当時は、大手食品メーカーが取り組むもので、中小企業はまだまだ関係ないと思われていましたが、食品の安全を求めるのに大きいも小さいも関係ありません。ちょうど私が岐阜に赴任した１９９８年、社内でのＨＡＣＣＰへの取り組みが始まりました。

最初、私には到底できないと思っていました。中部シマダヤの経営を軌道に乗せることで頭が一杯だったこともありますが、すでに取り組んでいる他社の様子を聞くと、多くは書類づくりに追われ、たとえ認証を得たとしても本当に危害を回避できるかどうか疑わしく思えたからです。

しかし、シマダヤでは後述するように異物混入の事故が起こり、客観的に食品製造での安全性を確保できる確かな手法が求められていました。二度とあのような事故を起こしてはいけない――。当時の近藤郁雄社長の号令もあり、会社独自の自社基準によるＨＡＣＣＰに取り組み始めたのです。

実際には一つの工場で認証を取るのに数年がかかり、ちょうど子会社化を進めていたこともあって、同時並行的に子会社になっていった13の工場すべてで認証を得るのに、結局、十数年の月日を費やしました。

大変な労力を使ったのですが、メーカーにとって製造現場がいかに大事であるか、HACCPに取り組んだことでそのような認識が社内に浸透していったと思います。

このような流れのなかでもう一つ、私が東京工場の工場長になった2001年に全社的に始まったのが、環境ISO、ISO14001の認証取得でした。

これはHACCP以上に大変なことになると思いました。工場の場合、排水、排気に始まり、騒音、廃棄物などなど、環境に関連する事項をあげればきりがありません。

しかし、当時は地球温暖化が世界的な問題として取り沙汰され始めたところで、二酸化炭素などの温暖化ガスを大量に放出する製造業に目が向けられていました。東京工場でのISO14001の認証取得は、もはや避けることができないように思えました。

是が非でも取らなければと意気込むものの、どこから手をつけてよいのかさっぱりわかりません。どうしたらよいのかわからないうちに認証する団体の視察が来てしまいました。

何も手をつけていなかったのですが、半ば開き直ったつもりで審査員たちを出迎えると、そのなかに見覚えのある顔を見つけました。

私は東京工場への勤務は3度目でしたが、2度目の1993年からの時、同じ昭島、立川地区の食品衛生協会の会合で、よく顔を合わせていたグリコ乳業の工場長の顔があったのです。彼はいまは引退し、工場長の経験を買われてＩＳＯの審査員を務めているというのです。

ほっとして、どこから手をつけてよいのか皆目わからないと正直に告げると、いやいや最初はどこもそんなものですよ、これから始めて1年後にどれほど進化しているのか、審査はそこを見るんですという話を聞くことができました。

騒音、排気、排水……と気になるところを掲げ、それらがいまどれほどのものなのか、まず測定するところから始めればよいとのことでした。測定値として現状は大きな数値が出てしまうかもしれないが、それをいかに抑えていくか、その計画を立てて実行していくというのです。すぐに100％の答えを求められるのではないこととわかり、胸をなで下ろしました。ＩＳＯを取得したからといって、会社が赤字になってしまっては本末転倒。むしろ、経営を成り立たせるためのＩＳＯへの取り組みをするべきとの言葉にも励まされました。

その後、懸命に勉強して1年後の審査を迎えたのですが、その間、ＩＳＯを取得する利点もわかってきました。

既述のように騒音、排気、排水……などを測定して記録することはもちろんですが、たとえば審査では審査員が製造の現場へ赴き、「この会社の目標は何ですか？」と、うどんの袋詰めをしているようなパートの女性に、突然、質問をすることもあります。

会社の方針や意図が工場の隅々にまで、ひいては会社全体にどれほど浸透しているのか。それを審査しているというのです。もちろん経営者や工場長などトップもインタビューを受けて、会社の方針、ＩＳＯの取り組みの目的、騒音、排気、排水……、具体的な目標などなど、あらゆることを質問されます。同時に、それぞれの具体的な仕事を担っている現場の人たちもまた、自分の仕事の意味を理解していなければならないのです。

トップがいくらいいことを伝えていても、製造の現場でいい加減なことをしていれば、何にもなりません。多くの企業が抱えている悩みは、そういったトップと現場との意思疎通の欠如ですが、ＩＳＯが求めることはまったく逆です。認証を得るためには、トップの掲げる方針が製造の現場まで浸透していなければなりません。

会社の方針などは、小さな紙に記したクレドをつくって社員全員に配布したり、朝礼のたびに触れたり、あるいはそこで一人ひとり名指しで質問して答えてもらったり、1年かけていろいろな方法で浸透を図っていきました。

そのかいあって1年後の審査では、なんとかＩＳＯ14001の取得を果たすことができました。そして工場の風通しがずいぶんよくなっていることに気がつきました。

製造の現場では自主性が重んじられますが、何かを判断する時は、社員たちは自然に会社全体の目的にかなったものをと考えるようになっています。また、現場で問題が起きれば、それはすぐにトップにまで情報が届くようにもなります。経営層は現場で何が起きているのかを常に把握できるのです。

そのような組織では、危害や不良などの事故や不正がそのままにされることはありません。誰かが隠そうとしても、ほかの部署が必ず見つけ、明らかにするからです。認証時には審査機関という外部の目により、会社の仕組みが確かめられます。トップダウンとしても、ボトムアップとしても、双方向に情報がスムーズに行き交う、非常に風通しのよい組織ができあがるのです。

その後、会社では、食品安全マネジメントシステム規格であるＩＳＯ２２０００やＦＳＳＣ２２０００に取り組んでいくのですが、製造の現場が整備されれば、それによって単に製品の不良や事故が防げるというだけでなく、商品開発にも好影響をもたらしました。

商品のライフサイクルが短くなっているいま、研究開発陣が次々と新製品を開発しても、製造の現場がそれに追いつかなくては意味がないので、自ら考え、動く必要があります。

ＨＡＣＣＰやＩＳＯ１４００１の取り組みと同様、ＩＳＯ２２０００やＦＳＳＣ２２０００に取り組むことによって、会社全体でのコミュニケーションが活発になり、研究陣がある製品の開発に挑めば、製造の現場はそれをどう生産体制に乗せればよいのか。全体のなかでの自分たちの役割を各々が考えるようになります。

市場ではどのような製品が求められているのか。商品開発に携わる社員だけでなく、製造の現場で働く社員たちがそこまで考え、そのための解決策を自らつくり上げていくようになるのです。

「デイ０《ゼロ》」のプレッシャーを跳ね返したロボットの導入

東京工場では、ほかにもいろいろなことに取り組みましたが、そのなかでも画期的だったのが、ロボットの導入でしょう。業界で初めてのことだったと思います。

理由はいろいろありますが、一番は、当時の大手の流通チェーンが「デイ０《ゼロ》」を求めたことでした。商品を製造したその日に、店頭に並べたいというのです。

大手流通チェーンは常にお互いにいろいろな面で競っていますが、なかでも日配品で重要になるのが鮮度です。鮮度を表す一つの指標が、製品がいつつくられたのかを表す製造年月日です。各店ではできるだけ製造年月日の新しい製品を棚に並べ、消費者に訴えるようになったのです。

初めは、製造後2日で店に並べる「デイプラス1」程度でよかったのですが、製造したその日に店に並べる「デイ0」を求めるようになりました。

消費者にとっては、つくりたてが新鮮でおいしいと感じるのでしょう。食品スーパーで見かける弁当類や総菜類には「今日の○時につくりました」と表示があるものもあります。弁当や総菜類は店内でつくるため「デイ0」が可能になる一方、工場でつくる日配品はそう簡単にはいきません。

東京工場では「デイ0」を求められた麺類の製造は、前日の深夜から準備して待機します。深夜0時を回った瞬間から機械を動かし、早ければ30分、遅くとも1時間程度で麺を茹でて袋に詰め、ダンボールに詰めて、そのままトラックで送り出します。

冷蔵設備を備えたトラックは、地域の店を回りながら品物を納めていきます。朝までになんとか最後の店まで納品すれば、どの店も朝から「デイ0」の商品を陳列できるというわけです。

機械を動かし始めた瞬間から現実に製造してトラックで運び各店に納品するまで、一刻を争いつつ、かつ、着実な仕事が求められるのですが、毎日毎日それをやり続けることは非常に大変なことです。たとえば、製造機械がトラブルに見舞われ30分でも止まってしまうと、トラックの出発が遅れ、最後の店に朝まで納品することができなくなってしまいます。

そのような時は、たくさんの赤帽の軽トラックにあらかじめ連絡を入れ、工場に待機してもらいます。製品ができあがり次第、次々と赤帽の軽トラックに積み込み、直接、それぞれの店に向かってもらうのです。

製造が遅れても、こうして一斉に赤帽を走らせることで、各店での納品には間に合わせることができます。普段と同じ「デイ0」が実現するわけですが、工場としては、余計な運送費はかかりますし、各店に届けるために店の数だけ伝票を切るなどの手間も大幅に増えます。

機械にトラブルが起きないよう祈ってばかりもいられず、予防保全もずいぶん進めました。この機械のあの部品は何万時間稼働させたから、そろそろ壊れるかもしれないなど、あらかじめ部品の稼働時間を調べ、壊れそうなものを選び出して、先回りして交換していくのです。

しかし、故障でなくとも気候や気温の変化、特別な注文など突発的な事態は発生します。予定していた数量よりも多くつくればそれだけ時間がかかり、納品に間に合わせるために、やはり赤帽を使うことになるのですが、手間はそれだけではありません。

製造ラインは大部分が自動化されていますが、袋詰めされた製品をダンボールに入れる工程などは、どうしても人手でやらなければなりません。突然の注文に備え、人員を待機させておく必要があるのです。

注文が入ればそれでよいのですが、入らなければ待機した人員は無駄になってしまいます。かといって人員を待機させなければ、いざという時のダンボール詰めができなくなります。実際に何の心構えもない時に突然、大量の注文が入り、大慌てで深夜の工場に残っている数少ない人員をかき集めて急場をしのいだこともありました。

そんな時に便利なのがロボットです。私は東京工場の次長の高野修二さんと共に、パラレルロボットの導入を検討しました。いくつかのラインから流れてくる小袋に入れられた製品を、次々とつまみあげて所定のダンボールに詰め込んでいく機械です。

茨城県の機械メーカーが導入しているという話を聞きつけると、そこへ高野さんと視察に出かけ、当時1台で1000万円ほどのロボットを入れることにしました。例によって、導入や調整には苦労しつつも、何とか数週間で動かせるまでにしました。

ロボットの利点は、動かしたい時に動かせることです。導入時には当然、お金がかかりますが、あとは稼働時に電気代がかかるだけです。動かさなければ電気代は0円《ゼロ》。人を待機させておいて、注文が入らずに人件費を無駄遣いしてしまうことはありません。

もっとも、現実に使い始めると、細かな点では苦労は続きました。ある時、営業からクレームが入ったことがあります。麺が袋の中で偏っているというのです。

「流水麺」は、2食分の麺をポリエチレンの袋に入れ、それを巾着のように上部で縛って包装します。袋詰めした製品を、ロボットは吸盤で拾い上げ、ダンボールへ並べていくのですが、その際、袋の一部を引っ張りあげるためでしょう、袋の隅に麺が偏ってしまうのです。

高野次長が機械メーカーはもちろん、ダンボールなどの資材メーカーまで巻き込んで対応してくれました。ダンボールの大きさを変えたり、入り数を変えたりしても、プログラムを変えればよいので、その点でもロボットは便利でしたが、それぞれに入れる時に、同じように偏りの問題が起こりました。そのたびに微調整をくり返ししてなんとかしのぎました。

人が同じ作業をしている時は、決して同じような問題は起こりません。特に指示をしなくても、人は偏ったものを見つけると、無意識のうちに直してしまうようです。つくづく人間とは微妙な判断や配慮ができるのだなと改めて感心したものです。

さて、その後、大手チェーンは「デイ0」を求めなくなりました。行政の指導により、製品に刻印する日付を製造年月日から賞味期限や消費期限に切り替えたのです。当時、木下生産本部長が大手チェーンと交渉して、「デイ0」のための生産は行わないことになりました。

消費者はたしかに鮮度のよいものを求めていましたが、だからといって数時間前につくったものをすぐに食べたいわけではありませんでした。「デイ0」であろうと「デイプラス1」であろうと、品質に変わりはありません。大手チェーンは他社との競争を意識するあまり、過剰な性能を求めたのです。

しかし、だからといってロボットの導入が無駄になったわけではありません。緊急事態への備えだけでなく、通常の工場の稼働でもロボットは活躍するようになりました。その後、ほかの工場でもどんどん導入されていきました。

近隣住民との良好な関係を築くきっかけとなった工場見学

東京工場では、一般の見学にも力を入れました。隣の敷地にマンションが建つことになったのがきっかけです。

それまでも工場に隣接する土地には、平屋の住宅が並んでいたのですが、工場とは塀で隔てられており、特に気にならなかったはずです。有害なものを排出しているようなことはありませんし、ちょうど環境ISOに取り組み始めたところで、仮に問題が起きてもすぐに対処する自信はありました。

しかし、マンションの建設予定地は、工場から5メートルほどしか離れていません。中低層の上の部屋からは、工場の敷地内まで見えてしまいます。部屋は全部で120世帯以上あり、それだけの人が入居すれば、工場としても慎重に対応する必要があると考えたのです。

そこで打ち出したのが工場見学でした。とにかく近隣の人たちとは、仲良く付き合おうというのが方針です。マンションが完成し、入居が始まると「おめでとうございます」とチラシをまいて、「お隣のよしみで工場見学会を開催します」と案内しました。

あとはこれまで何度か説明してきた通りです。「見せる工場」のコンセプト通り、見学コースは整備されています。そして工場長の私自身、人を案内することはお手のものです。

見学会の当日、工場からマンションが意外に近く見え、「こんな近くにあるの？」「家の中見えちゃうじゃないの」という声があがった時は冷や汗が出ましたが、工場ではみなさんの食卓に並ぶ麺類を製造しており、安全性や衛生性のためにどれほど気を配っているかを訴えたところ、かなり好印象をもっていただけたと思います。

騒音やトラックの出入りなど、気になっていた点については、率直に「何かあれば何でも言ってください」と告げたところ、その後、クレームのようなものは1件もありませんでした。

その後もマンションの管理組合とのパイプをつくり、毎年、工場見学を続けています。工場の社員たちも「子どもが来るんだから、見学だけではなく、遊べるものを」と、スーパーボール釣りをしてみたり、お祭りのように楽しめる企画を考えてくれるようになりました。いまでは地域の恒例行事になり、毎年のようにやってくる方もいます。

2006年当時の昭島の東京工場。シマダヤの看板が見えるが、当時は分社化を進めており、東京工場も2004年に東京シマダヤとなっていた

東京工場は相変わらず赤字でしたが、だからといってその存在意義が薄れたわけではありませんでした。

かつては最新鋭の機械を導入したり、「見せる工場」として見学コースを設けたり、そして業界に先駆けてロボットを導入したり……。社内ではもちろん、常に業界全体の先端を走っていたのが東京工場でした。

その後、シマダヤでは協力工場の子会社化を進めていきますが、各工場が老朽化して新しくつくり直されると、必ず東京工場と同じような外観になっていきました。

東京工場はいろいろといわれながらも、業界先端の工場として常にモデルにされていたのです。競合他社の経営者たちは、同業をはじめあちこちの工場を視察しつつも、最後には東京工場が気に入り、同じ設計事務所に設計を依頼していたそうです。

安全と高品質を求めて 12工場の子会社化を推進

2008年、取締役生産本部長となって全社的な製造の責任者になると、多くの課題があるなかで、特に重要なものとして浮かび上がってきたのが、シマダヤとして、いかに提供する製品の品質を維持していくかということでした。

きっかけとなったのが、私が生産本部長就任直前に発生した異物混入の事故です。ある協力工場で機械の部品の一部が製品に入り込んでしまい、それがクレームとなって現れたのです。

当時、生産本部長だったのが、現在シマダヤの社長を務める木下紀夫さんでした。工場に泊まり込み、クレーム対応と、工程改善の陣頭指揮を執った木下生産本部長は、新聞で社告を出すなどして周知を徹底して、該当する製品の全品回収に努めました。結果的に被害を出さずに済んだのですが、協力工場も含めてシマダヤの製品を製造するすべての工場やその品質を支えている体制について、一から見直さざるを得なくなりました。

ＨＡＣＣＰ、ＩＳＯ２２０００、ＦＳＳＣ２２０００などの認証取得に取り組んできたのも、製品の安全性や品質を万全にするためです。しかし、もっと根本的なところから対策をとらなければなりません。議論の末に至ったのが、協力工場の子会社化でした。全国に散らばる13の協力工場を、１００％シマダヤの子会社にするのです。

安全や品質のためとはいえ、協力工場といっても別会社である以上、製造の現場にまで踏み込んでいくことには無理がありました。食品を供給する会社としての責任を果たすため、協力工場のすべてを子会社化し、グループ会社として同じ品質管理体制のもとで運営することは必須事項でした。

１９９８年、岐阜の協力工場にシマダヤの資本が投入され中部シマダヤとなった時、私は社長を務めました。一経営者として子会社化を進める前線に立ったわけですが、２００６年、取締役生産本部長となった時、それを全国規模で進めることになったわけです。

もちろん簡単ではありません。趣旨には賛同できても、自分の会社を喜んで手放す経営者はいません。結局、13工場すべてを子会社化するには、脱落する協力工場も1社あり、それから10年近くかかるのですが、それを粛々と進めるのが当時の私の役割でした。

こうして会社全体、グループ全体を統率する立場として、責任の重さと大きなやりがいを感じつつ毎日の仕事に向かっていたところ、思いがけないきっかけで新しい仕事を始めることになりました。

2010年のことです。私の妻の友人である女性から、ある相談を受けました。女性のご主人が、シマダヤの工場を見学したいというのです。

女性のご主人は、韃靼《だったん》そばを日本で広めることに貢献した稲澤敏行さんでした。韃靼そばは、毛細血管を強化するといわれるルチンをはじめ、ビタミンやミネラル分などの栄養素が豊富に含まれていることで知られるそばです。

稲澤さんは、中国の食品会社に勤める人から日本の食品工業を学びたいと依頼され、見学できる日本の工場を探していました。奥様の友人の夫、つまり私がシマダヤの専務であると知っており、奥様を通じて依頼してきたのです。

私はもちろん二つ返事で引き受け、一行を東京工場へ案内することにしました。見学の当日、稲澤さんと中国からやってきた5人の若い担当者と共に工場を回り、最後は例によって、できたてのそばを振る舞いました。

「機械でつくる麺が、これほどおいしいとは」。これがその時、稲澤さんが思わず口にした言葉です。

稲澤さんは自分で手打ちそば教室を開いたり、NHKをはじめ各テレビ局でそばに関する番組制作に携わるなど、そばに対して一家言《いっかげん》を持つ人でした。そばは手打ちに限るとのこだわりも持っていたのですが、製造したてのシマダヤの麺を口にして、当社を認めてくれたようです。「驚きました」と感激もしていただき、それから親しい付き合いが始まりました。その稲澤さんから紹介していただいたのが、北海道の幌加内でそばを生産する北村忠一さんでした。

プレミアムそば誕生のきっかけとなるそば生産者との出会い

北海道の真ん中よりちょっと北に位置する旭川からさらに北へ45キロ、人口わずか1500人の町が幌加内町です。人口密度は日本一低く、寒さではマイナス41・2度の記録を持つ厳寒の土地でもあります。

幌加内町は、もともとジャガイモの産地でした。ところが、安い国外産に押されて生産が成り立たなくなり、土地を離れる人が続きました。残された広大な農地を利用して、そばの栽培を始めたのが北村さんら数軒の農家でした。

そばの栽培を始めると、幌加内町の土地とそばの相性がよかったのか、たちまち収穫の量は増え、5、6年後には日本一の生産を誇るほどになりました。それが1980年代のことです。

そばの生産日本一の謳い文句に惹かれ、大手食品スーパーなど全国チェーンが取引したいとやってきました。しかし、長くは続かなかったようです。大手チェーンは、売れているうちは、収穫したそばの実を大量に購入して特別な製品をつくって販売したものの、売れ行きが悪くなるとすぐに次の製品に関心を向け、注文がすっかりなくなってしまったというのです。

何度かそのような経験をするうちに、北村さんは、自分がつくるそばそのものの価値を上げたいと考えるようになりました。

広大な土地を利用して、大規模な農業で効率的な運営を進めることはもちろんですが、思い切って挑戦したのがＪＧＡＰの認証取得でした。

ＪＧＡＰとは、安全な作物をつくるため、農薬や肥料の使用をはじめ、土づくりから実際の栽培、収穫に至るまで厳密に工程管理し、それを第三者の認証機関に認めてもらう認証制度です。

私が初めて北村さんの農場を訪れたのは2011年になってからですが、185ヘクタール――東京ドーム40個分の広大な土地一面に、真っ白なそばの花が咲いている風景にまず目を見張りました。

北村さんにお会いした時の印象は、いかにも人のよい農家のおじさんでした。ところが、農場の倉庫に置かれている何台もの大型トラクターやコンバインが、どれもピカピカに整備されていたのを見て、ただ者ではない人物だなと思いました。

その後、JGAPの認証を得ていると聞いて納得がいきました。生産の各工程を厳密に管理していくJGAPは、私が取り組んできたHACCPやISO、FSSCと共通したところがあります。栽培のために用いる設備や機械類の整備もまた、一つの工程として欠かせないものなのでしょう。誠実に農業に取り組んでいる姿勢がよくわかりました。

すっかり気に入り、私は東京へ帰るとすぐに役員会に新しい製品の開発を提案しました。もちろん役員会では反対もなく、木下社長からは、せっかくプレミアムな原料を使用するのだから、商品企画、研究所、そして生産工場に至るまで、全社挙げてプレミアムな製品を作り上げるよう指示がありました。

つまり、幌加内産のそばが原料であることを前面に押し出した、業務用冷凍麺のプレミアム製品をつくろうとしたのです。

そばの評価は、非常に難しいものです。どんな蕎麦がおいしいかについては人によってはっきり意見が分かれます。そば粉を10割使ったそばこそ本物という人もいれば、つなぎがあるからのど越しがよくうまいと主張する人もいます。プレミアムとして多くの人を納得させるには、単に産地を強調するだけでなく、製粉はもちろん、製麺もその後の冷蔵や販売も、最高の技術で挑まなければなりません。

実務を取り仕切ったのが、当時、原材料部の部長だった土岐裕一《ひろかず》さんでした。

土岐部長は、北村さんと契約を交わして幌加内のそばの実を仕入れるように段取りをつけ、それを製粉したり、また、できたそば粉の特性にピッタリ合ったプレミアムのそばを開発するよう、研究所に持ちかけました。

当時、製品開発は目白押しだったため、放っておけばプレミアムのそばの開発は後回しにされかねませんでした。ところが、土岐部長が何度も研究所にかけあってくれたことで、後述するように所長をはじめ、研究所員がやる気を出してくれたのです。

役員である私が、ああしたいこうしたいと語る大きな夢を、価格交渉も含め、実務レベルできちんとした仕組みにしてくれたのですが、その道は決してやさしいものではありませんでした。

意気込んで製造の段取りを進めていると、最初の製粉の段階で壁に突き当たりました。北村さんとの最初の取引量は20トンほどだったのですが、製粉してくれるところが見つからなかったのです。

大手の製粉会社で扱う量は、通常数百トン単位です。20トンのそばを製粉するために中小の製粉会社を探したものの、どれも工程管理の観点から品質保証部のＯＫが出ません。やはり大手しかないのかと、ダメもとを承知で当社の主要取引先である製粉会社の社長に話をしてみると、意外にも「そんな話を待っていたんだ」と歓迎されました。

社長は以前、ある自治体が県内で栽培した玄ソバを県内で製粉して、県内の店で販売するという計画を聞きつけ、興味を持ちました。このような「地産地消」がいずれはトレンドになると考え、社長に就任するとそんなトレンドに応えるための小型の製粉機を導入しました。

しかし、この規模の製粉会社では最低でも数百トンが製粉のロットです。役員たちからは猛烈な反対を受け、それでも何とか説き伏せて導入したのですが、フタを開けてみると一向に注文は入らず、せっかくの機械を寝かしておくしかなかったというのです。

そんなところに私が話を持ち込み、渡りに船とばかりに喜んだというわけです。幌加内産のそばを限定的に製粉するという企画は、社長の思惑にドンピシャリの依頼でした。

こうして私や土岐部長が製造の段取りを進めるのと同時に、いかに幌加内産のそばをおいしく食べることができるか、研究所による精力的な商品開発が進められました。

うれしかったのは、研究所の小原伸之所長を筆頭に、研究陣が本気になって、幌加内産の原料の最良の使い方を考えてくれたことです。

製品の研究開発のため、若い研究員の深澤健博さんと広瀬貴一さんのふたりで、幌加内の北村さんの農場へ向かいました。振り返れば、我々は原料についてはいつも受け身でした。原料メーカーがよい製品ができましたと持ち込んでくるものを試して、あれができる、これに使えると、初めていろいろ可能性を考えるのです。原料を開発するのはあくまで原料メーカーで、我々としては手が出しにくい領域だったのですが、幌加内産のそばの実はシマダヤが直接、手を伸ばせるところにあります。徹底した研究開発が可能になりました。

深澤さんと広瀬さんは、町に数軒しかない旅館の一つに泊まり込み、毎日早朝から北村さんの農場へ出かけて、そばの実の状態や栽培の様子をすぐ間近で観察しました。そればかりでなく、自分たちでトラクターを運転して、畑を耕したり、種蒔きしたりと栽培の体験もさせてもらいながら、そばづくりを学んだのです。

そばが育つ土地も気候も、そして生産者の人柄も直に知ったことで、東京に帰ってからの研究開発に力が入りました。

余談ですが、若い研究員たちは、宿泊した旅館の仲居さんから、「あなたたち本当に真面目ね。朝早くから夜遅くまで働いて本当に偉いわね」とほめられたそうです。たわいのない会話ですが、そんなところにも短期間とはいえ、彼らがそばの産地にドップリと浸かり、本気になって原料のそばの実に向き合ったことがわかります。

こうして製造体制の確立と商品の研究開発が同時に進み、約半年後に「北海道幌加内産そば使用　石臼挽きそば」が完成しました。最高品質を誇るプレミアムの業務用冷凍そばが誕生したのです。

北海道幌加内の広大なそば畑で思い出す、ブラジルで追いかけた夢

2017年、私は次兄の清和を北海道の幌加内に案内しました。年に一度のそば祭りが目当てでした。人口1500人の町に、なんと3万人が詰めかける一大イベントです。会場には道内はもちろん全国から手打ちそば店が屋台を出したり、地元の高校生が手打ちそばを振る舞ったり、見どころ満載の催しなのですが、私たち兄弟はまた違った思いで幌加内に入りました。

この日も、そば畑が見渡せる展望台にふたりで登ると、周り一面そばの白い花がびっしりと咲く光景に見入りました。そして兄はつぶやいたのです。「すごい……これはブラジル以上だな」。私自身、幌加内に来るたびにずっと感じていたことでした。

広大なそば畑の風景は、確かにブラジルでよく目にしたものでした。ただ違うところは、北村さんが隅々にまで目を光らせて丁寧に栽培しているためでしょう、山の間際のギリギリまで畑が耕され、畑と山の境界線がくっきりと現れていたことです。

雄大な景色にふたりともしばらくの間、見入っていましたが、頭では同じようなことを考えていたようです。

一つが、ブラジルでの事業が挫折したあともサンパウロに残って別の事業を興し、彼の地で亡くなった三兄の昭雄のこと。そしてもう一つが、ブラジルでやり切れなかったことをここ幌加内で進められるかもしれないということでした。

たとえば契約栽培です。ブラジルでは、農家の契約の感覚が甘く、収穫時に思ったようにそばの実が集まらずに苦労しました。しかし、ここ幌加内では北村さんとの契約は間違いなく果たされています。初年度は20トンでしたが、それから契約量はどんどん増え、すでにその時は200トンを超えていました。少量の製粉を望んでいた製粉工場が、あまりに契約量が増えたために慌てたほどです。現在、その製粉会社は、北海道で収穫した作物を同じ道内で加工できるようにと、苫小牧に新たに製粉工場を新設し、幌加内でとれるそばの実もそこで加工しています。

いくら契約を結んでも、農作物ですから収穫は天候に大きく左右されます。しかし、北村さんは毎年着実に約束の量をシマダヤに納めてくれていました。

私が幌加内に行くたびに、コンバインをはじめ大型機械が増えていました。「好調だね」と水を向けると、「なあに、中古だよ」と北村さんは多くを語りませんが、息子さんが役場を辞めて北村農場で働き始めたと聞きました。後継者もできて、経営は順調なようです。

一度だけ、計画通りに栽培できなかったことがありました。2014年の夏、北海道北西部で記録的な大雨に見舞われた時のことです。東北地方から北海道にかけて大雨に見舞われ、北村さんの農場でも上流のダムが放水したため一部浸水してしまい、せっかく栽培したそばが流されてしまいました。

予定の収量には足りず、急遽、シマダヤでは、北海道内からそばの実をかき集めてつくることにしたのですが、そうなると「幌加内産」と謳うことはできません。営業が取引先を回り、頭を下げて事情を説明しました。

「幌加内産そば」を待ち望んでいた店では、怒りのあまり取引停止を言い出したところもありました。店でわざわざ「幌加内産」の看板を出して納品を待っていたのです。それができなくなった打撃はことさら大きいものでした。

しかし、どうしようもありません。ひたすら頭を下げてお詫びをし、次の年からは、北村さんの農場だけでなく、周辺の幌加内町内の他の農家にも加わってもらい、グループとしてそばを栽培してもらうことにしました。

最近になって幌加内の人と話す機会があったのですが、笑いながら「よくここまで続いたねえ」と言われました。当初は、シマダヤもほかの大手流通チェーンのように、1年か2年で契約をやめて撤退してしまうのではと考えていたというのです。

こちらはブラジルの経験から、契約が間違いなく履行されるか心配していたのですが、向こうは向こうでシマダヤがそばの実の購入を本当に続ける気があるのか不安に思っていたようです。顔を見合わせて笑ってしまいました。数年の取引を経て、いまは信頼し合える関係ができています。

私が調べたところでは、日本でのそばの消費量は原料であるそばの実に換算すれば10万トンほどで、じつは私たちがブラジル事業に挑んでいた当時とほとんど変わっていません。

そばはおいしく、栄養価も高く、健康によい食べ物です。私は日本でももっともっと多くの人に食べていただけると思っています。そばやうどんなど麺類の市場はもっともっと広げられるはずです。

その時、カギとなるのが契約栽培です。栽培を計画する段階で、収穫量も引き取り価格もあらかじめ決めて行う契約栽培であれば、生産者には安定した収入がもたらされます。豊作だったのに相場が下落してしまい、1年かけた仕事が無駄になってしまう。そのようなことはなくなるのです。

幌加内の北村さんの農場のように、大規模でＪＧＡＰの認証を得るほど高度な栽培ができれば、低価格でしかも高品質なそばをつくることも可能になるでしょう。安くておいしく栄養価の高いそばをつくることができれば、消費者に喜ばれ、日本全体の健康増進にも役立つでしょう。よく売れて市場が広がれば、業界は潤い、より成長することもできます。生産者の方もより大きな利益を得ることができます。

安定して計画的な生産を実現する契約栽培は、生産者にもメーカーにも、そして消費者にとっても、すべての人に利益をもたらします。三方よしを実現する基本的な仕組みです。

相場の変動によって利益を得る話は確かに耳にしますが、それは目端の利く一部の人に過ぎません。多くの人にとっては、長期にわたる安定した幸せのほうが大事なはずです。

いまはまだ始まったばかりの幌加内産のそばの製造ですが、この方法が多くの製品で広がっていけば、日本でのそばをはじめ麺類の市場は大きく広がり、健康で幸せな生活を送る人が増えるのではないでしょうか。

かつてブラジルで見た夢は挫折しましたが、40年の月日を経て、再び幌加内で蘇ったように私たち兄弟には思えたのです。

シマダヤの創業者、牧清雄は社是として「奉仕努力」を掲げました。社会に奉仕してこそ、会社としての存在意義がある。そのために誠心誠意、努力する。創業から80年以上経った現在も、私たちはその理想を追いかけています。

あとがき

ニュースや報道番組をテレビで見るたびに、自分が携わってきた仕事を思い出します。

いま東京では、2020年の東京オリンピックに向けてスポーツ施設などの建設が活気づいています。喜ばしいことですが、報道によれば、政治的な都合で予算も工期も削られ、建設工事は難航を極めているとのことです。しかし、建設に携わる当事者たちは、あきらめることなく前代未聞の画期的な工法に挑戦し、まれにみる成果を上げていると聞きました。

大きな困難を前に、現場の若い総監督、設計者、そして現場の経験豊かな職人さんたちが、互いに励まし合い、短時間のうちに解決策を見出し、問題を解決していく。その様に私は胸を熱くしました。オリンピックという世界的な行事が迫る重圧の下、一つひとつ仕事を成し遂げ、そのたびに全員で見せる晴れ晴れとした笑顔は、何物にも代え難いものに思えました。

それは、私が経験してきた製造の現場と重なります。26歳でブラジルから帰国して外食産業を経験したあと、私は当時の宮城シマダヤ古川工場で麺の製造の現場に就き、そこで駆け出しの新人社員と同じ仕事からやり直しました。その後、東京の本社工場をはじめ、計15回異動しましたが、トータルで一番長かったのが製造の現場でした。

大企業であっても中小企業でも、また、最新の技術を用いても、伝統を継承する場合でも、仕事の成功には、現場の力が何よりも大切です。〝現場に優秀な人が多数いて、それを大切にする企業は必ず生き残る〟ということを改めて認識しました。

オリンピックの華々しい報道とは裏腹に、最近では自然災害のニュースも続いています。現場の惨状は目を覆うばかりで、被災された方々が一日でも早く明るさを取り戻すことを祈るばかりです。また、ニュースといえば、不正会計、データ改ざん、リコール、日本のトップクラスの企業の不祥事も記憶に新しいのではないでしょうか。あれほどの一流企業がどうして？と皆さんも驚いたことでしょう。

巨大な建設現場に比べれば、私たちの仕事の規模は小さいかもしれません。ましてや自然災害を防ぐことは、私たちにはできないでしょう。しかし、私たちは毎日、消費者の方々に小さな幸せをお届けしています。寒い時には「温かくておいしいね」と、暑い時には「冷たくておいしいね」と感じていただける幸せを、食事の時のほんのひとときの心の安らぎをお届けしています。

そしてそれを継続するために、製造現場での「安全・安心」の確保は絶対の要件です。特に食品を扱っている業種ならば、万が一不祥事を起こせば、それは会社の信用失墜を招くだけでなく、利用された方々の健康被害に及ぶ可能性があります。社会全体に与える影響の深刻さは計り知れません。

毎日の小さな幸せを着実にお届けしていくためにも、現場はもちろん、経営のトップから会社の隅々に至るまで常に仕事を見直し、何か間違いが見つかれば勇気を持って正していかなければなりません。

いまも報道番組を見るたびに、私は製造現場で緊張して毎日を過ごしたことを思い出します。そして同時に、現在、同じような仕事に就いている方たちの顔が思い浮かびます。

シマダヤ株式会社も、そしてメルコホールディングス傘下グループ各社も、これからも現場を鍛えて育て、大切にする組織になって欲しいと切に願います。経営から現場までが一体となり、全知全能を傾けて問題に立ち向かい、情熱を注いで仕事に向き合って欲しいと願います。

さて、本文では、シマダヤの創業者であり、いまは亡き父、牧清雄のことにたびたび触れていますが、読む方によっては、私が父を多少厳しく評価しているように思えるかもしれません。しかし、それは私の説明不足と言えるでしょう。私は父の先見性、直観力、実行力に対し、誰よりも深い尊敬の念を抱いています。そして、暖かい心を持つ経営者で家族想いの父のことが大好きです。そのことをこの場を借りてぜひ付け加えたいと思います。

最後になりましたが、このような機会を与えてくださった、株式会社メルコホールディングスの代表取締役社長、牧寛之氏、そして、語りっぱなしの内容を見事な形にしてくださったライターの山本明文氏、エディターの古村龍也氏、そしてダイヤモンド社の今給黎健一氏に心からのお礼を申し上げます。

［著者］
牧 実（Minoru Maki）

1952年3月、島田屋（現・シマダヤ）の創業者、牧清雄の8番目の子どもとして生まれる。1974年4月、中央大学を卒業後、島田屋本店（当時）に入社。同年12月、ブラジル事業のために渡航し、パラナ州ポンタグロッサなどに勤務。1978年に帰国して外食産業事業部を経て、宮城シマダヤ（現・シマダヤ東北）に勤務。以後、シマダヤ東京工場（現・シマダヤ関東）、中部シマダヤ（現・シマダヤ西日本）など製造畑を中心に歩み、2006年に取締役生産本部長に就任。2008年に常務取締役、2010年に専務取締役を経て、2014年に代表取締役会長に就任。2018年6月に退任し現在に至る。

誠心誠意、生きる
人の優しさ、温かさを心の支えに

2019年4月3日　第1刷発行

著者　牧　実
発行所　ダイヤモンド社
〒150-8409　東京都渋谷区神宮前6-12-17
http://www.diamond.co.jp/
電話/03-5778-7235（編集）　03-5778-7240（販売）
装丁　安食正之（北路社）
編集協力　古村龍也（Cre-Sea）
執筆協力　山本明文
制作進行　ダイヤモンド・グラフィック社
印刷　新藤慶昌堂
製本　宮本製本所
編集担当　今給黎健一

ISBN 978-4-478-10753-9